家庭烘焙小零食

饼干、小蛋糕、水果挞、派

[日]大森由纪子 著 王宇佳 译

青岛出版社
QINGDAO PUBLISHING HOUSE

前言

无论何时何地都能用一只手拿起来食用的花式小点心，无论在哪个时代都会大受欢迎。

最初，甜品店或面包店制作花式小点心的目的并不是因为它小巧可爱，而是因为每次烤完蛋糕或面包后，锅不会马上冷却下来，为了充分利用这点余热，花式小点心就诞生了。当时，花式小点心被取名为“petit four”，“petit”在法语中的意思是“小”，而“four”的意思是“火”，顾名思义，即“用小火烤出的点心”。刚开始的时候，比较干的花式小点心是主流，但是经过发展，迷你贝壳蛋糕等湿点心也出现了。直至今日，各种各样的花式点心已经成了巴黎咖啡店或家庭招待客人时必不可少的甜点。

如今，花式小点心经常和咖啡一起被当作饭后甜点端上饭店的餐桌，其中也不乏像夹心巧克力和法式棉花糖这样的甜点。

花式小点心虽然个头比较小，但制作时花费的时间和精力并不比大型点心少。不过，不知为何，制作这类细腻的小点心时，反而更容易让人投入进去。难道是因为想用一口就将这款点心的一切都表现出来的缘故吗？即使是很小的点心，只要全心投入制作，也能够将你的心意传达给享用它的人。

花式小甜点的特点是可以在任何时间食用，无论是搭配下午茶、餐前酒，还是当饭后甜点，都完全没问题。将它们放入可爱的盒子内送给别人时，也会是一个不小的惊喜。在我的甜点教室中，花式小点心也是很受欢迎的。请大家一定要尝试着做做看哦。

大森由纪子

作者简介

大森由纪子

法国甜点、料理研究专家。毕业于学习院大学法国文学系。在巴黎国立银行东京支行店工作了一段时间后，开始到巴黎的料理学校学习料理和烘焙。经常通过杂志、书籍和电视等介绍法国传统甜点、地方甜点、法国乡间菜肴等。著有《我的法国地方点心》（柴田书店）、《法国地方的菜肴》（柴田书店）、《巴黎甜点》（料理王国社）、《有典故的甜点》（NHK出版）、《法国甜点图鉴》（世界文化社）等25部以上的料理书籍。同时还担任传播法国传统和地方点心“Club de la Galette des Rois”俱乐部的理事、甜点甲子园评审员与协调人。

目录

PETIT-FOUR

Demi-Sec, Frais

湿点心
鲜点心

制作甜点的准备工作和技巧

1 制作甜点的准备工作要从称量材料开始。如果一边制作一边称量材料，效率会非常低。因此，要事先将所有的材料都称量好，再开始制作甜点。

2 低筋面粉等粉类除了使用食物料理机搅拌和在中途过筛的情况，基本都要事先过筛。不过，有时需要将几种粉类混合后一起过筛（具体操作方式请参照各个甜点的制作方法）。

3 鸡蛋和黄油要提前从冰箱中取出，待其恢复到常温后再使用。

4 使用烤箱前的准备工作。烤箱的品牌和型号不同，加热的方式也会有所不同。书中记载的时间只是一个大概范围。刚开始可以比书中标注的时间设定得短一些，烘烤过程中一边观察状态一边追加时间，每次追加的时间要在1分钟~2分钟。
另外，预热时一定要将烤盘取出。除了使用模具的情况外，要事先剪好符合烤盘大小的烤箱专用垫纸，将其铺到烤盘中。
需要再次烘烤时，烤盘不能在有余热的状态下直接使用。要先待其冷却后再使用。即使是天气较热的夏季，也要使烤盘完全冷却。

5 季节不同，使用的烘焙工具需要做相应处理。夏季温度较高或者是遇到湿度较高的天气时，面糊和打发的奶油容易出现塌软的情况，这时需要将擀面杖等工具冷却后再使用。

6 将比较稀的面糊倒入裱花袋之前，要先装上裱花头，然后稍微扭一下裱花头的前端，并用夹子等东西固定住。另外，倒面糊时，如果将裱花袋的入口处向外侧翻折一下，裱花袋就不容易弄脏了。挤面糊时，要分别从左右握住裱花袋，右手进行挤压。

7 在醒面时，如果指定整理成棒状等特殊形状，就要将面团装进保鲜袋后擀平，这样不但醒面的时间会大大缩短，接下来的操作也会方便很多。

关于烘焙材料

甜点是由面粉、油脂、白砂糖和乳制品等材料混合到一起制作而成的。将几种材料组合起来的操作看似简单，但只要稍微改变一下材料的种类、混合时间点或操作技巧，就会做出一种完全不同的甜点。所以在开始制作之前，让我们先了解一下各种材料的特点以及不同材料在烘焙中的不同作用吧。

【面粉类】

低筋面粉

低筋面粉是小麦粉中含蛋白质最少的一种面粉，蛋白质含量只有7%左右，所以它含有的面筋也很少。加入水后，低筋面粉就会变成质地比较软且入口即化的面团。使用时，要将其过筛，防止出现结块的现象。

高筋面粉

高筋面粉是小麦粉中含蛋白质最多的一种面粉，蛋白质含量高达12%左右，所以它本身的颗粒也比较粗。高筋面粉常用于制作面包。制作花式小点心时，可以将质地较粗的高筋面粉撒在挞皮或派皮上，以防止它们粘连。用高筋面粉制作面团时需要较大的力气和较长的时间。

泡打粉

泡打粉是常见的膨松剂，常用于制作需要膨胀起来的甜点。一般情况下，泡打粉是由苏打粉和其他酸性材料混合而成的，可以和面团中的水分反应产生二氧化碳，从而使面团膨胀。因此，只要加入少量的泡打粉，就能做出口感松软的甜点。书中使用泡打粉的甜点有很多，比如杏仁小饼干、茴香饼干、布列塔尼地方饼干和迷你香橙蛋糕等。

杏仁粉

杏仁粉是将无盐杏仁磨成粉末后制成的粉类。它在制作小点心时能起到很多作用，比如给饼干的面糊增加香味、使费南雪等海绵蛋糕类面糊更加湿润且味道更富层次感等。除此之外，杏仁粉、蛋白和白砂糖是制作马卡龙不可或缺的材料。

【糖类】

白砂糖

白砂糖的精度较高，糖度为99.8%以上。成分中基本不含转化糖，甜度高且易溶解是其特点。白砂糖的结晶较细，一般呈无色透明状，拥有闪闪发亮的光泽，是纯度较高的糖类。

糖粉（白砂糖粉）

糖粉是将白砂糖或白糖进一步粉碎，过筛后提取出来的高纯度糖类。因为颗粒太细，容易吸收湿气而产生结块现象，所以要添加2%~3%的玉米淀粉。糖粉的主要作用是制作蛋白糖霜、烤好点心后撒在表面作装饰。

粗白砂糖

粗白砂糖是结晶较大、蔗糖含量几乎达到100%的高级白砂糖。还有一种表面呈黄褐色的粗白砂糖，它是在制作工序的最后一步浇上焦糖制作而成的，特点是味道清爽、甘美。因粗白砂糖几乎不含转化糖，所以不容易吸收湿气，总是呈现出粒粒分明的状态。

黑糖

黑糖是将从甘蔗中压榨出来的含有蔗糖的糖液长时间熬煮后提取出来的糖类。由于没有经过精炼，黑糖中不但蔗糖含量很高，还含有丰富的钙、铁和矿物质。它的特点是味道纯粹、柔和，但甜味却非常浓郁。

蔗糖

蔗糖是用经过筛选的甘蔗制作出的未精炼白砂糖。制作蔗糖时，在未精炼的情况下，直接将压榨出的粗糖和蔗糖进行熬煮后提炼而成，因此它的味道会比较丰富。

蜂蜜

蜂蜜味道的决定性因素是蜜蜂采蜜的地点、环境和花的种类，只要这些因素稍有变化，就会得到风味完全不同的蜂蜜。想要制作突出原创性的甜点时，可以尝试使用味道比较特别的蜂蜜。

水饴

水饴是将淀糖粉化后的汁液熬煮成黏液状的甜味剂。它是将葡萄糖、麦芽糖和糊精混合到一起制作而成的，主要成分是麦芽糖。一般情况下呈透明状，但经过搅拌与空气充分接触后，就会变成银白色。

【其他材料】

鸡蛋

鸡蛋的主要作用是使面糊膨胀和将材料聚集到一起。蛋白具有起泡性，蛋黄则能够使油和水乳化。制作甜点时使用的鸡蛋一定要选择比较新鲜的。

巧克力

制作甜点时一般会使用考维曲（couverture）巧克力。它的法语名字原意是“覆盖”，是一款专门为制作甜点而开发出来的巧克力。和普通的巧克力相比，考维曲巧克力入口更易化开。

可可粉

可可和巧克力一样，都是以可可树的种子——可可豆为原料制作出来的食品。将可可焙烤后磨碎，熬煮成糊状，然后去掉脂肪，得到的粉末就是可可粉。

黄油

黄油拥有其他油类所没有的香醇、浓厚的味道。它与其他材料混合时有很多种方法，比如化开后加入其他材料中混合、在常温下放软后加入其他材料中混合、冷藏后与其他材料混合来制作折叠面团等。黄油经过搅拌会混入空气而变成乳状，当它均匀地分散到面糊中时，烤出的甜点的口感就会变得很松脆。提醒一下，黄油一旦化开后就无法恢复原状，因此温度管理就显得尤为重要。

鲜奶油

奶油是指乳脂肪含量为 18% 以上的食品。其中从牛奶中提取出乳脂肪制作而成的奶油被称为动物性鲜奶油，而添加了植物油加工而成的奶油则被称为植物性奶油。如果可以的话，使用时要尽量将乳脂肪含量为 36% 的鲜奶油和 45% 的动物性鲜奶油区分使用，这样就可以体会到不同鲜奶油带来的不同风味了。

制作花式小点心所用的工具

准确地称量各种材料是制作点心过程中非常关键的一步，所以请大家一定要准备一个电子秤。下面给大家介绍一下烘焙时需要准备的其他工具。将这些工具买齐之后，剩下的就是多多练习，将它们用得越来越顺手。在使用过程中，会自然而然地记住一些技巧。

【碗】

玻璃碗拥有很多优点，它不但用起来很方便，还能放到微波炉等电器中加热。另外，隔水加热时会用到不锈钢碗，所以至少要准备1个。这里提示一下，直径为21cm、18cm和15cm的碗用起来最方便。

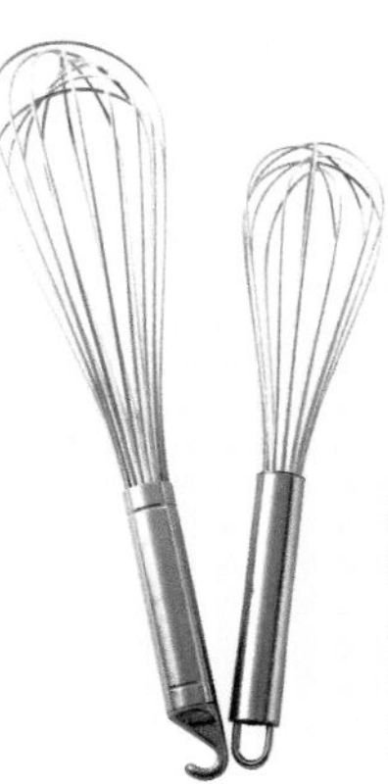

【打蛋器】

打蛋器最好选用手柄拿起来比较顺手、搅拌头有一定弹性的不锈钢材质的。市面上所售打蛋器的手柄粗细有所不同，买之前一定要拿到手上试一下。

【木铲、橡胶铲】

木铲是在需要用力搅拌时使用的工具，比如搅拌黄油等。橡胶铲是用于大幅度翻动的工具，比如在制作松软的慕斯等过程中，就一定会用到橡胶铲。另外，在将锅中或碗中的材料聚集到一起或将面糊移动到模具中时，铲子类的工具也是必不可少的。用硅胶制成的铲子具有一定的弹性，而且非常耐高温，推荐大家使用。

（木铲）（橡胶铲）

【抹刀】

抹刀是涂抹果酱或奶油时经常用到的工具。一般来说，长20cm~23cm、刀片部分较薄且很有弹性的抹刀使用起来会更方便。

【面粉筛】

制作中和烘焙中都能用到的万能面粉筛。虽然叫面粉筛，但却不只是能筛面粉，也能过滤其他食材。筛粉类时，要注意确保面粉筛上的水完全干掉后再使用。选择比碗小一圈尺寸的面粉筛用起来会比较方便。

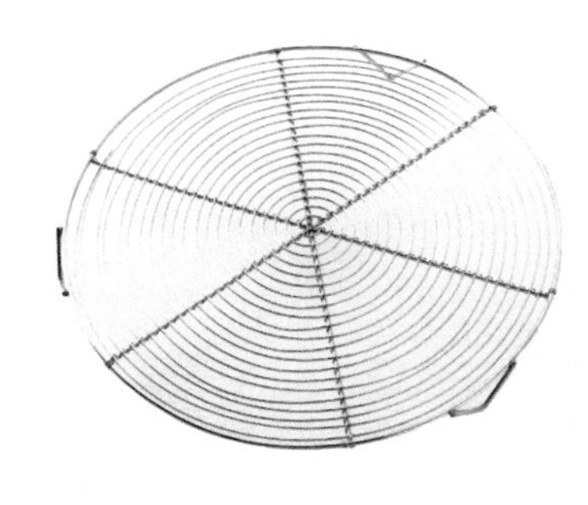

【冷却架】

冷却架的作用是使烤好的饼干或蛋糕更快冷却，还能在装饰蛋糕时用来当架子。购买时最好选用带支架的类型，这样更利于散热，烤好的点心也能更快地冷却下来。

【手持式搅拌机】

手持式搅拌机是在打发蛋白和鸡蛋时使用非常方便的工具。有时手动搅拌一些材料需要很长的时间，但用手持式搅拌机就能轻松完成，比如用于蛋白糖霜的打发时，操作起来既方便又快捷。购买搅拌机时，选择搅拌头部分粗细均匀且重量较轻的用起来会更顺手。

【擀面杖】

擀面杖是用于将面团擀成厚度均匀的片状的工具，在制作派皮、挞皮和饼干等过程中经常会用到。处理面团时，稍微有点重量的木质擀面杖操作起来会更加顺手。使用完毕后，一定要将擀面杖洗净擦干，这样才比较卫生。

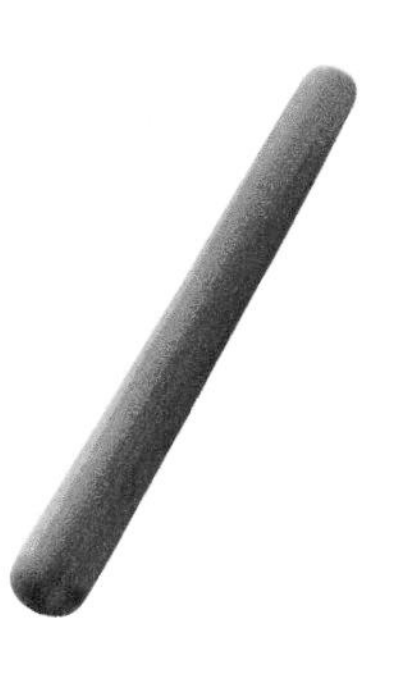

【刷子】

刷子是在涂果子露或蛋液时常用的工具。购买时要尽量选择刷毛紧密且不容易脱毛的刷子。使用完毕后，一定要洗净晾干。

【滚针打孔器】

用滚针打孔器给派皮和挞皮刺出气孔，能够有效地防止它们膨胀起来。虽然平时可以用叉子代替，但制作比较大的面皮时，还是滚针打孔器用起来更方便。

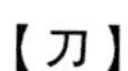

【刀】

制作甜点时一般选用尺寸稍微小一点的刀，很少会用到常见的菜刀。在面皮上划花纹或切水果时，这种刀操作起来会更加方便。

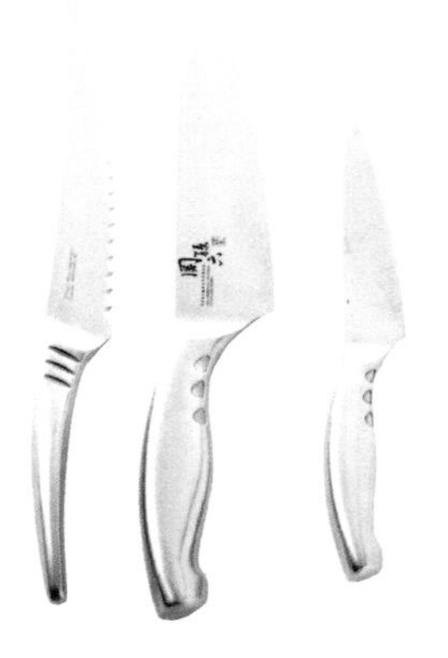

【擦皮器】

擦皮器是用来将橙子或柠檬的皮擦掉的便利工具。制作料理时使用的擦皮器经常会将果皮弄得乱七八糟，推荐大家购买能够将果皮整齐擦碎的类型。

【刮板】

刮板可用于在制作派皮时将黄油切碎混入、搅拌面糊、将面糊抹平等。在将粉类聚集到一起时也会用到刮板。

【裱花袋和裱花头】

裱花袋最好选用清洗后很快就能变干的尼龙材质。裱花头则只要先买齐直径 1cm 的圆形裱花头和口径较小的星形裱花头就足够应付常见甜点的制作了。

制作花式小点心的常见模具

制作甜点的最后一步就是将面糊倒入模具中进行烘烤。虽然像饼干、派、沙布列等都是直接将面糊放到烤箱中垫好的纸上烘烤的，但运用模具之后，点心的外形就会变得更加丰富多样。以前我们在用模具之前都要先涂上黄油并撒上一层干面粉，但现在出现了很多硅胶或带涂层的模具，这一步就可以省去了。下面给大家介绍4种模具。

【半圆球形模具】

半圆球形模具的大小非常适合用来制作湿润的花式小点心，能做出迷你又可爱的半圆形小点心。半圆球形模具的法语为“pomponette”，有小小的圆形、蓬松、可爱等含义，是与花式小点心非常搭的一款模具。

上图中所示的是带有涂层的不粘型半圆球形模具，使用了食品专用的玻璃纤维和硅胶，是一款革命性的烘焙模具。这款模具可以承受很高的烘焙温度，将点心取出时也非常容易。第一次使用时需要涂上少量的油，之后就可以直接使用了。

【萨瓦兰模具】

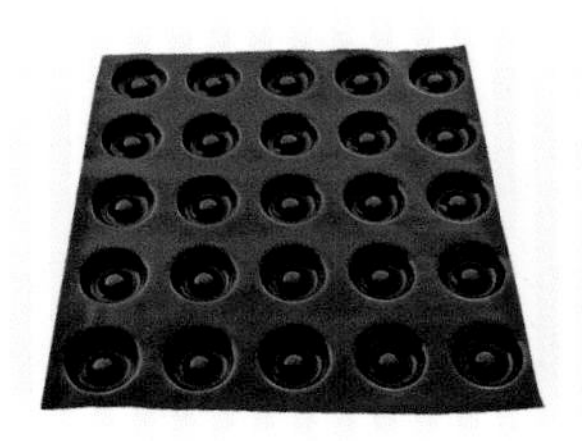

这款萨瓦兰模具是中间有个凸起的圆形模具。它是用来制作以19世纪后期美食家布里亚・萨瓦兰命名的“萨瓦兰蛋糕”的模具。制作萨瓦兰蛋糕时，要将加入了美酒的果子露倒入环形蛋糕里，然后再挤上鲜奶油。从做法可以看出，蛋糕中间的空心部分是必不可少的。上图所示的模具也是带涂层的不粘型模具，跟半圆球形模具一样，不需要事先涂黄油或植物油，直接挤入面糊就可以烘烤，可谓非常便利。模具本身质地较软，操作起来非常顺手，这也是它的优点之一。

【贝壳蛋糕模具】

这款贝壳蛋糕模具是模仿扇贝形状的模具，是制作贝壳蛋糕时不可或缺的工具之一。模具的材质是食品专用的硅胶材料，这种材料导热性能非常好。这款模具在烘烤完毕后非常方便取出蛋糕，而且能够承受-60℃~230℃的任何温度，推荐大家使用。

【费南雪模具】

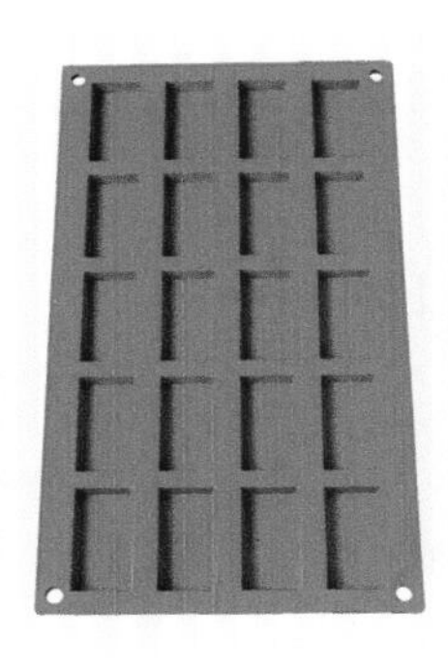

费南雪的形状很像钞票捆盒和金块盒，所以还有“有钱人”和“金融家”等含义。费南雪必须使用这个模具才能做出来，也就是说，这款模具是费南雪的专用模具。它也是用食品专用的硅胶材料制成的，所以同样拥有导热性好和操作方便等优点，也能够承受-60℃~230℃的任何温度。

基础面团的制作方法

要想顺利地制作出本书中的甜点，需要先学会基础面团制作方法。挞皮基础面团和派皮基础面团这2种基础面团在法语中都有“pate”这个词，它指的是将小麦粉和水混合而成的面团，不过在制作过程中也会加入油脂、白砂糖和乳制品等材料。

香酥挞皮

制作挞皮基础面团

在制作水果小挞、柠檬挞、椰子饼干和杏仁脆饼时使用。

这是一款用来制作挞和饼干等甜点的挞皮。制作中加入了大量的白砂糖，用它烘烤出来的点心质地较脆，但是入口即化。这款香酥挞皮在法语中有“sucre”一词，含义就是“加入白砂糖的东西”。将提前软化好的黄油与白砂糖混合，然后加入鸡蛋乳化，再加入粉类充分混合，就能做成一个成型的面团。其实还有一款名叫“pate brisé ”的相似面团，“brisé ”意思是“粉碎的”，它是先将粉类和黄油混合，然后加入鸡蛋和水制成的。在制作挞和法式乳蛋饼时会用到这种面团。

材料（最容易操作的分量）

材料	分量
低筋面粉	150 g
杏仁粉	15 g
糖粉	45 g
盐	1 g
黄油	75 g
鸡蛋	1个

1. 将所有的粉类都放入食物料理机中。

2. 稍微搅拌一下，使空气进入粉类中（与过筛具有相同的效果）。

3. 加入冷藏过的黄油块。

4. 稍微搅拌一下，使其变成松散的颗粒状。

5. 加入打散的鸡蛋后开始搅拌。

6. 搅拌到面糊结成大块的状态为止。

7. 取出后放入保鲜袋中，用手捏成圆饼状。

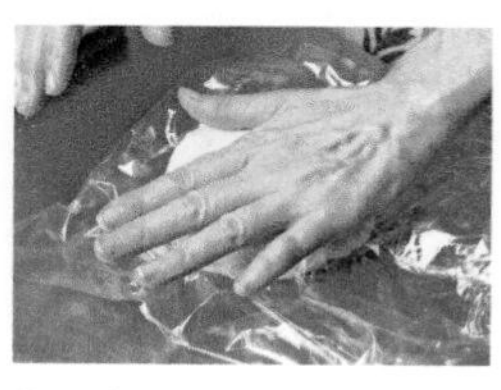

8. 按压排出空气。

9. 放入冰箱醒一段时间（也可以擀成薄片后冷冻保存）。

香酥派皮

制作折叠派皮面团

在制作蝴蝶酥和千层酥条等点心时使用。

香酥派皮的法语为“pate feuilletee”，意思是“叠放成很多层的薄片”。从其名字可以看出，这是一款用小麦粉、黄油、水和盐制成的折叠派皮。用小麦粉将黄油包裹起来，揉成面团后反复擀薄折叠，从而制作出小麦粉和黄油之间的层次。经过烘烤之后，黄油会彻底化开，整个面团也会慢慢扩展，形成像很多薄纸叠放在一起的千层效果。这款面团也被称为“feuilletage”。使用它制作出来的甜点有蝴蝶酥、千层酥条等。

一、制作派皮基础面团

这是制作香酥派皮（折叠派皮）时将水、盐、小麦粉混合后在上半部分切出十字形刀痕的基础面团。等面团醒好之后，将黄油折叠混入其中，这样就能打造出派皮的层次了。

材料（最容易操作的分量）

低筋面粉	100 g
高筋面粉	100 g
黄油	20 g
水	100ml
盐	3 g

1．将低筋面粉和高筋面粉混合后一起过筛。

2．在中央挖出一个小坑，整理成圆环状。

3．将黄油放到面粉中央，用手揉捏，使其化开。

4．将 2/3 的混合了盐的水倒入面粉中央，用手将水和周围的面粉混合。

5．用刮板将外侧的面粉都拨到中央，使其和水充分混合。

6．根据面团的状态加入剩余的水。

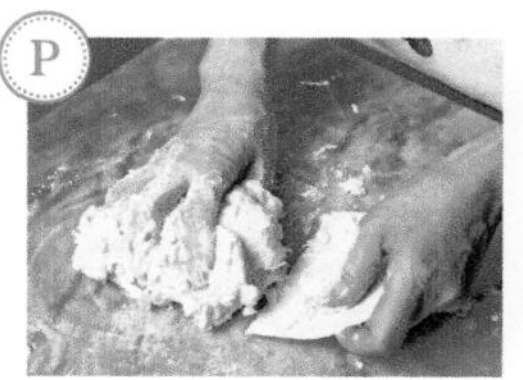

7．当混合到看不见干面粉的程度时，将面团聚集成一个整体。

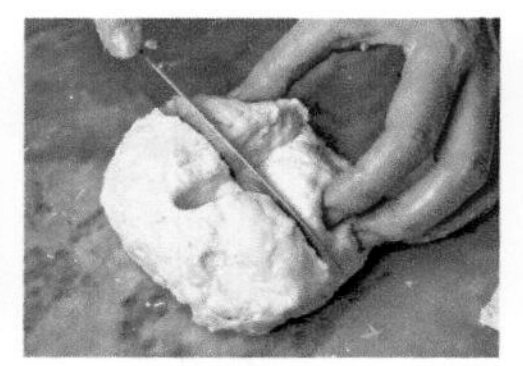

8．将面团揉成圆形，在上半部分切出十字形刀痕。

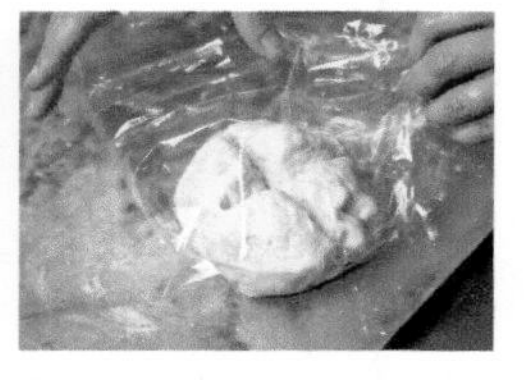

9．用保鲜膜将面团包住，醒 30 分钟 ~1 个小时。醒好的面团就是基础面团。

如果揉过了头，面团中会出现面筋，接下来擀起来就会非常费劲，一定要多加注意。

二、制作香酥派皮面团

材料（最容易操作的分量）

基础面团 ------ 前页中做好的面团

黄油 ------------------ 160 g

干面粉（高筋面粉）--------- 适量

准备

- 将派皮基础面团放入冰箱中冷藏。
- 提前将黄油放入冰箱中冷藏。

10.将折叠用的160g黄油包裹在保鲜膜中，用擀面杖敲打黄油，将其整理成厚1cm的片状。

11.将派皮基础面团放到撒了一层干面粉的台面上，按压其4个角。

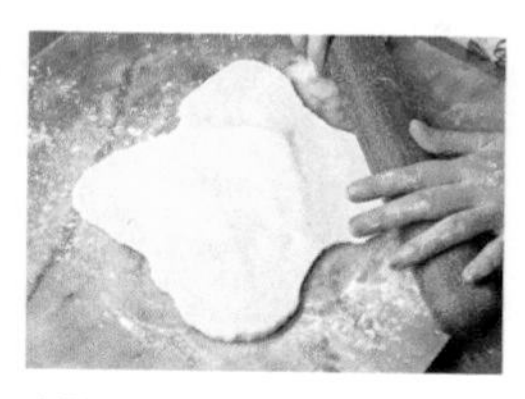

12.从刀痕中央向4个角擀开。中央部分要比4个角稍微厚一些。

13.将黄油放在面团中央。

14.将4个角向中央折叠。为了防止在这个过程中混入空气，要将干面粉掸掉。

15.将4个角整齐地向中央折叠。

16.将面团翻过来，用粘了一层干面粉的擀面杖将其擀开。

17.用擀面杖将面团擀成长约30cm的长条形。

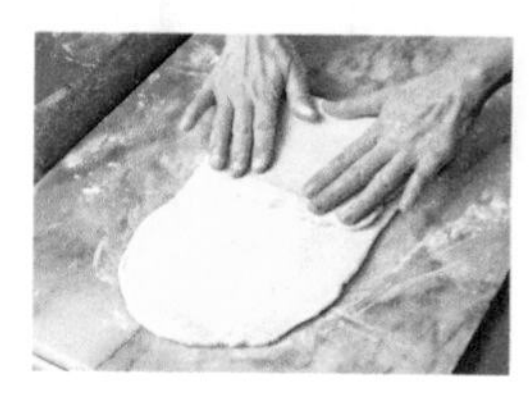

18.将长条形的面团折成3层。

19.折好后将其旋转 45° 。

20.用擀面杖从上面按压面团，使面团变平。

21.再次将面团擀成长条形。

22.将多余的干面粉抖掉，然后再次折成3层。

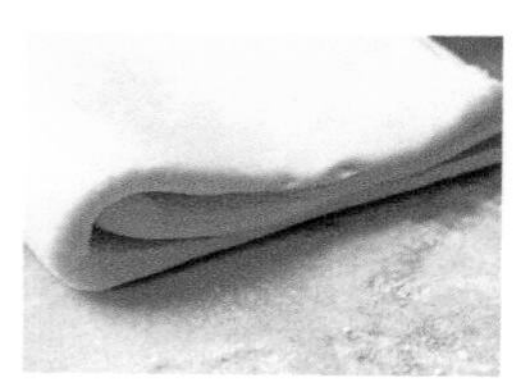

23.折成3层的样子。接下来要重复2次这个折成3层的过程，总共进行6次折成3层的过程。

24.为了记清楚总共折了几次，可用手指在面团上按出相应个数的小洞（例如第二次折就按2个洞，依此类推）。

25.将面团装进塑料袋中，放入冰箱醒一段时间（也可以冷冻保存）。

这一步是为了使黄油的硬度与面团一样。

PETIT-FOUR
Sec

干点心

“petit four”是“小点心”的意思。其中烘烤得比较干的点心被称为“sec”，可以让我们享受到酥脆的嚼劲和入口即化的口感。干点心种类非常丰富，比较有代表性的是沙布列等饼干类、马卡龙等酥皮点心类、布列塔尼饼干等坚果点心类。这些干点心其实很相似，只是改变一下糖和面粉的种类，就变成了另一种点心。

如果想让做出的点心具有酥脆的嚼劲，在混合粉类时就不能揉制过长时间，还要注意加入蛋白糖霜时的搅拌方法。只要掌握了窍门，做出美味的干点心就是件很容易的事了。为了减少大家失败的几率，我们特意用照片呈现出了整个制作过程。请大家选择一款喜爱的点心，大胆地尝试一下吧。

PETIT-FOUR
Sec

杏仁小饼干

Amarettis

杏仁小饼干使用了大量源自意大利威尼斯的杏仁，据说它是马卡龙的原型。这款饼干和意式浓咖啡非常搭，所以在意大利的咖啡馆中很常见。酥脆的口感是它的特征。

材料（15个，每个直径3.5cm）

蛋白	28g
白砂糖	65g
杏仁粉	60g
泡打粉	1小撮
杏仁利口酒（或少许杏仁精油）	1小勺
糖粉	适量

准备

- 将杏仁粉和泡打粉混合到一起后过筛。
- 在烤盘中铺上烤箱专用垫纸。

烤箱温度	180℃
烘烤时间	10分钟

1. 一边隔水加热一边将蛋白轻微打发。

2. 一次性加入所有白砂糖，然后彻底打发。

3. 当蛋白变成黏稠的状态时，将碗从热水上拿下来。

4. 再轻轻地搅拌几下。

5. 将筛过的杏仁粉和泡打粉一起倒入碗中，充分搅拌。

6. 加入杏仁利口酒。

7. 用橡胶铲搅拌均匀。

8. 当面糊变成细腻而黏稠的状态时，就算搅拌好了。

9. 将面糊放入装有直径1.5cm圆形裱花头的裱花袋中，挤成直径为3cm的圆形。

10. 静置，醒1个小时左右。

11. 撒上糖粉，放入预热到180℃的烤箱中烘烤10分钟左右，关掉烤箱后再放置5分钟后取出。

PETIT-FOUR Sec

杏仁香脆饼

Pains d' amandes

使用了大量黄油、烘烤得酥脆可口的杏仁香脆饼。其法语原名中有“面包”一词出现，这也许是因为在没有黄油的时代，烤出的杏仁香脆饼比较像硬面包吧。细腻的饼干中，偶尔咬到脆脆的杏仁，这种不可思议的口感正是杏仁香脆饼的魅力所在。

材料（20个，每个3cm×4cm）

材料	用量
低筋面粉	150 g
黄油	120 g
白砂糖	55 g
鸡蛋	25 g
盐	1小撮
香草精	少许
杏仁	60 g

准备

- 将黄油切成长方形，放入冰箱中冷藏。
- 在烤盘中铺上烤箱专用垫纸。

烤箱温度	180℃
烘烤时间	12分钟

1. 将低筋面粉和白砂糖加入食物料理机中。

2. 稍微搅拌一下，使空气进入粉类中。

3. 将冷藏过的黄油直接放入食物料理机中。

4. 稍微搅拌一下，使其变成松散的颗粒状。

5. 加入杏仁和香草精。

6. 加入1小撮盐后充分搅拌。

7. 一直搅拌到勉强能看出杏仁的形状为止，然后加入鸡蛋，搅拌均匀。

8. 将材料从食物料理机中取出，捏成一团。

9. 将捏到一起的面团装入保鲜袋中，然后放到磅蛋糕的模具（长方体）里定型。

10. 放入冰箱醒2个小时以上。

11. 将面团取出，纵向切成两半。

12. 再从一端开始，切成厚7mm 的片状。

13. 将切好的片状面块放到烤盘中，放入预热到 180℃ 的烤箱中烘烤 12 分钟左右。

14. 烤好后将饼干放到冷却架上冷却。

P 杏仁太小会影响整体的口感，太大又不容易咀嚼，所以大小适中很重要。

PETIT-FOUR
Sec

南特饼

Nantais

南特是法国卢瓦尔地区的一个小镇，南特饼正是当地特产的点心。别看这款饼干的名字很偏门，它现在已成为烘焙和料理学校必学的一款法国传统甜点了。它的特征是用菊花形状的切模切开，然后在表面涂一层加了鸡蛋的咖啡液，最后用叉子压出格纹，再进行烘烤。

材料（约18个，每个直径5cm）

黄油	50 g
糖粉	50 g
盐	1 g
蛋黄	20 g
鸡蛋	6 g
香草糖（或香草精）	适量
低筋面粉	100 g
泡打粉	1 g
肉桂粉	1 g
咖啡液	
鸡蛋	5 g
速溶咖啡	适量

准备

- 将鸡蛋和蛋黄混合到一起。
- 在烤盘中铺上烤箱专用垫纸。

烤箱温度	180℃
烘烤时间	10分钟

1. 将黄油放入碗中，用木铲搅拌成发胶状。

2. 加入糖粉和盐，搅拌均匀。

3. 将鸡蛋和蛋黄混合好，分批少量地加入到步骤2的材料中，每次加入都要充分搅拌。

4. 加入香草糖（或香草精）。

5. 用木铲充分搅拌。

6. 用面粉筛将低筋面粉、泡打粉和肉桂粉一起筛入碗中。

7. 用橡胶铲充分搅拌。

8. 将所有材料搅拌成一团，从碗中取出。

9. 将面团放进保鲜袋中，放入冰箱醒30分钟左右。

10. 将面团擀成厚3mm的片状，用菊花切模切成菊花形状的面片。

11. 将面片放到铺了一层烤箱专用垫纸的烤盘上。

12. 将制作咖啡液的材料混合到一起，用刷子在面皮表面刷两遍。

13. 用叉子压出格纹。

14. 放入预热到180℃的烤箱中烘烤10分钟。

小提示

乳化

在一般情况下，油和水是不会互相溶解的。不过，只要将两者中的一项变成很小的微粒，然后分散到另一种液体中，两者就能溶解到一起了，这个过程就叫作乳化。“将黄油搅拌成发胶状，加入白砂糖继续搅拌，最后分批少量地加入鸡蛋，使其乳化”就是其中一个典型的例子。乳化之后的面糊不会发生分离的现象，而且会变得柔白而细腻。

PETIT-FOUR
Sec

榛果脆饼

Croquets aux noisettes

这款榛果脆饼是法国南部马赛地区的著名甜点。法国南部点心的一大特征就是黄油用量非常少。这是因为该地区没有足够的草地，无法养殖奶牛的缘故。这里给大家介绍的榛果脆饼酥脆可口，榛果的香味更是起到了画龙点睛的作用。

材料（约25个，每个3cm×3cm）

材料	用量
黄油	15 g
白砂糖	55 g
盐	少许
鸡蛋	20 g
低筋面粉	32 g
高筋面粉	27 g
泡打粉	1 g
香草精	少许
榛子	35 g
蛋液	适量

准备

- 使黄油和鸡蛋回温到室温。
- 将低筋面粉、高筋面粉和泡打粉混合到一起后过筛。
- 在烤盘中铺上烤箱专用垫纸。

烤箱温度 ………… 180℃
烘烤时间 ………… 约25分钟

1. 将榛子切成小碎块。

2. 将黄油放入碗中，搅拌成发胶状。

3. 加入白砂糖和盐，充分搅拌。

4. 将打散的鸡蛋分批少量地加入，每次加入都要充分搅拌。

5. 一直搅拌到鸡蛋与其他材料完全混合到一起。

6. 加入粉类，充分搅拌。

7. 加入榛子，充分搅拌。

8. 当所有材料充分混合后，将其捏成一团，放入保鲜袋中。

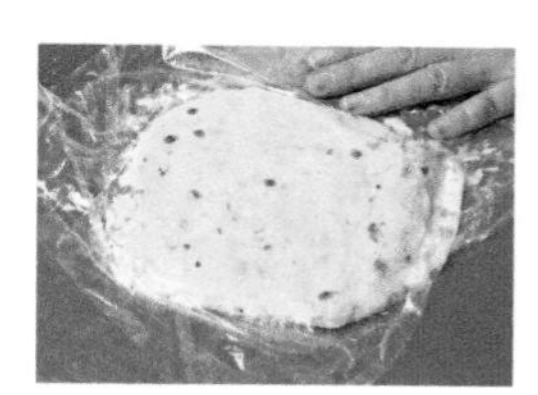
9. 将面团擀开，放入冰箱中醒2小时~8小时。

10. 将面团放到撒了一层干面粉的台面上，用擀面杖擀成厚5mm 的片状。

11. 用刷子将蛋液涂在面片的表面，放入预热到 180℃的烤箱中烘烤约 25 分钟。

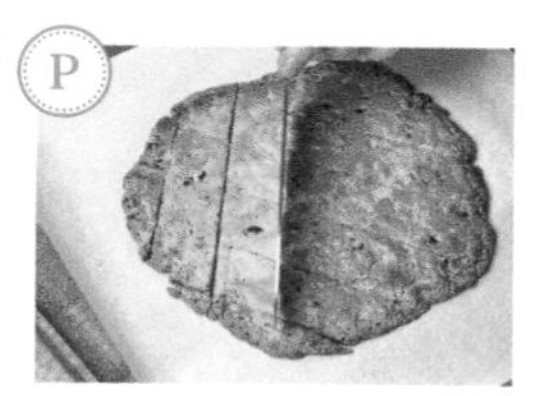
12. 趁热切成方便食用的大小。

P 最好趁热用刀切开。冷却后质地会变脆，切起来就比较麻烦了。

杏仁脆饼

Florentins

这款点心是由一个名叫弗洛伦特的巴黎糕点师发明的，所以它被命名为“Florentins”。表面经过烘烤的杏仁和蜂蜜与下面酥脆的饼干非常搭。将饼干烘烤透彻是烤出美味杏仁脆饼的秘诀。

材料（20个，每个2cm×3cm）

香酥挞皮

低筋面粉	100g
杏仁粉	10g
糖粉	30g
盐	1小撮
黄油	50g
鸡蛋	1/2个
香草精	适量

阿帕雷酱

黄油	50g
白砂糖	50g
蜂蜜	17g
水饴	16g
鲜奶油	30ml
杏仁片	83g

准备

- 在烤盘中铺上烤箱专用垫纸。

烤箱温度	180℃
制作香酥挞皮时间	10分钟
烘烤面皮时间	10分钟
烘烤饼干时间	8分钟

1. 制作出香酥挞皮（参照本书p.13），将其放入冰箱中醒2小时左右。

2. 将挞皮放到烤箱专用垫纸上，用擀面杖擀成厚2mm的片状。

3. 用滚针打孔器在面皮表面刺出小孔。

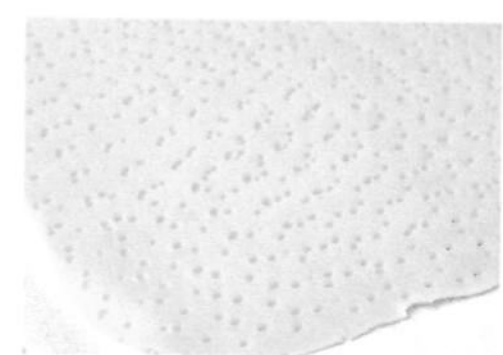

4. 放入预热到180℃的烤箱中烘烤10分钟左右。

5. 制作阿帕雷酱。将除了杏仁片之外的食材全部放入锅中。

6. 开稍强的中火加热。

7. 当“咕嘟咕嘟”地冒出气泡时摇动锅，使里面的材料混合均匀。

8. 加热成焦糖状之后，将锅从火上拿下来。

9. 加入杏仁片，用木铲迅速搅拌。

10. 所有材料都混合均匀后，趁热倒到步骤4的面皮上。

11. 用抹刀将其均匀地抹到面皮表面。

12. 放入预热到180℃的烤箱中烘烤8分钟左右。

13. 稍微冷却后，用刀切成2cm×3cm的长方形。

花生饼干

Biscuits aux cacahouettes

花生饼干是美式点心，所以整体味道会比较甜。一般情况下，这款饼干是用花生酱制作而成的，不过我们改变了配方，用打成碎末的花生代替，这样更能突出花生天然的香味。

材料（约25个，每个直径3cm）

材料	用量
黄油	67g
花生	75g
白砂糖	75g
鸡蛋	18g
低筋面粉	93g

准备

- 使黄油和鸡蛋回温到室温。
- 将低筋面粉过筛。
- 在烤盘中铺上烤箱专用垫纸。

烤箱温度	190℃
烘烤时间	约15分钟

1. 用食物粉碎机将花生打成碎末。

2. 将黄油放入碗中，用木铲搅拌，直到黄油变软。

3. 加入花生碎末，充分搅拌。

4. 一直搅拌成糊状为止。

5. 将白砂糖分3~4次加入，每次加入都要充分搅拌。

6. 将打散的鸡蛋分数次加入，每次加入都要充分搅拌。

7. 当鸡蛋全部加入后，用木铲搅拌成细腻柔滑的状态。

8. 加入筛过的低筋面粉，用橡胶铲搅拌均匀。

9. 所有材料完全混合到一起就可以了。

10. 将面团揉成一个个直径为2cm的圆球。

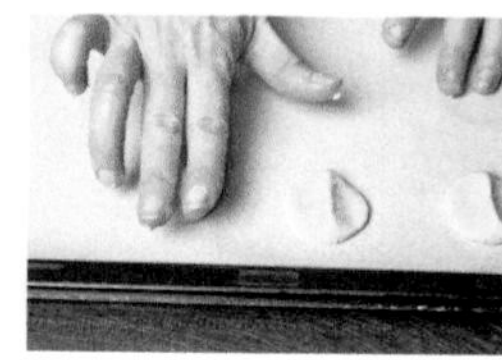

11. 将圆球状的小面团放到烤箱专用垫纸上，用手指压扁。摆放时要注意留出间隔。

12. 放入预热到190℃的烤箱中烘烤约15分钟。

13. 烤好后放到冷却架上冷却。

猫舌饼干

Langues de Chat

这是一款与猫舌头形状很像的可爱饼干，刚出炉时酥脆可口。所用的材料有黄油、糖粉、鸡蛋和低筋面粉，而且每种材料的分量都完全相同，既容易做又容易记，所以这款小点心一直很受欢迎，非常适合初学者尝试。

材料（约30块，每块长约6cm）

材料	分量
黄油	50 g
糖粉	50 g
鸡蛋	50 g
低筋面粉	50 g

准备

- 使黄油和鸡蛋回温到室温。
- 在烤盘中铺上烤箱专用垫纸。

烤箱温度 ………… 180℃
烘烤时间 ………… 12分钟

1. 将黄油搅拌成发胶状，然后加入糖粉搅拌均匀。

2. 将打散的鸡蛋分批少量地加入到步骤1的材料中，每次加入都要充分搅拌。

3. 用木铲不停地搅拌，一直搅拌至呈细腻柔滑的状态为止。

4. 用面粉筛将低筋面粉筛入碗中。

5. 粗略搅拌一下，使干面粉和其他食材混合到一起。

6. 换成橡胶铲继续搅拌。

7. 将搅拌好的面糊倒入装有圆形裱花头的裱花袋中。

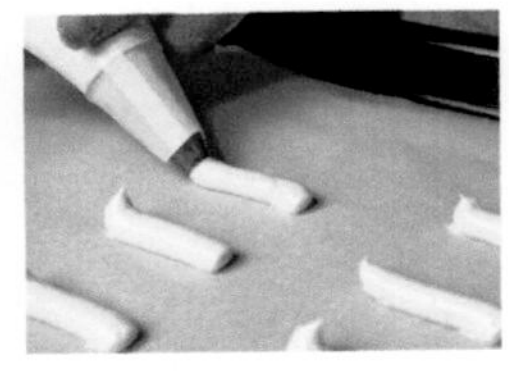

8. 将面糊挤到铺有一层烤箱专用垫纸的烤盘中，注意要挤成长6cm的棒状。

9. 用手拍打烤盘底部，使面糊扩散开。

10. 放入预热到180℃的烤箱中烘烤12分钟左右。

11. 烤好后取出冷却。

咖啡夹心饼干

Mokatines

这是一款将咖啡味的饼干和巧克力甘纳许完美结合起来的小点心。制作的窍门是将咖啡液分批少量地加入。为了防止甘纳许产生分离的现象，在混合加热过的奶油等液体和切碎的巧克力时手法一定要轻柔。

材料（约12个，每个3cm×3cm）

- 黄油 ---------- 55 g
- 糖粉 ---------- 50 g
- 鸡蛋 ---------- 12 g
- 蛋黄 ---------- 5 g
- 速溶咖啡 ---------- 5 g

※也可以用咖啡液。

- 低筋面粉 ---------- 110 g
- 加入咖啡的甘纳许
  - 鲜奶油 ---------- 30 g
  - 水饴 ---------- 2 g
  - 速溶咖啡 ---------- 1.5 g
  - 黑巧克力 ---------- 35g

准备

- 使黄油和鸡蛋回温到室温。
- 用少许水将速溶咖啡溶解。
- 将制作甘纳许用的巧克力切碎。
- 在烤盘中铺上烤箱专用垫纸。

烤箱温度	180℃
烘烤时间	10分钟

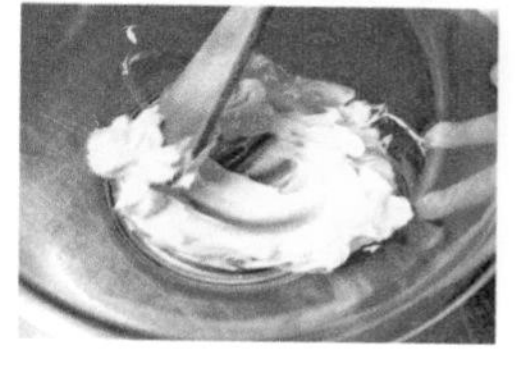

1. 将黄油放入碗中，用木铲搅拌。

2. 加入糖粉，充分搅拌。

3. 将鸡蛋和蛋黄打散后加入到碗中，每次加入都要充分搅拌。

4. 加入事先溶解好的速溶咖啡，充分搅拌。

5. 全部搅拌均匀的状态。

6. 用面粉筛将低筋面粉分批少量地筛入碗中。

7. 用木铲充分搅拌，使所有材料聚集到一起。

8. 搅拌成看不见干面粉的状态即可。

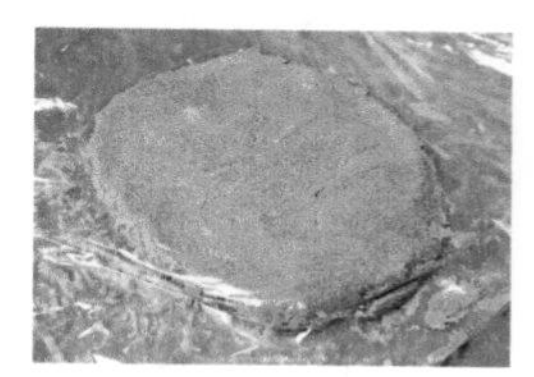

9. 将面团放入保鲜袋中，擀平后放进冰箱中醒20分钟。

10. 取出面团，撒上干面粉（分量外），用擀面杖擀成厚2mm 的片状。

11. 用饼干切模将面片切成花形后摆放到烤箱专用垫纸上，然后放入冰箱中醒1小时。

12. 放入预热到 180℃的烤箱中烘烤 10 分钟左右，取出后放到一旁冷却。

13. 制作加入咖啡的甘纳许。将鲜奶油、水饴和速溶咖啡倒入锅中，开火加热。

14. 当锅中液体快要沸腾时，将锅从火上拿下来。

15. 加入切碎的巧克力，放置几分钟，用余热将巧克力化开。

16. 用打蛋器充分搅拌，即成甘纳许。

17. 将步骤 12 中做好的饼干分成 2 片 1 组，每组中间都要夹上做好的甘纳许。

18. 放置一段时间，使甘纳许与饼干融合成一个整体。

直接放置几分钟，用余热化开巧克力，这样搅拌时就不容易失败。如果搅拌过度，做出的甘纳许就会失去光泽。

圆顶饼干

Palets de Dames

圆顶饼干的法语是“Palets De Dames”，其中“Palets”是上颚的意思，而“Dames”指的是贵妇。所以，这款甜点的直译名是“贵妇的上颚”。烤好后稍微膨胀起来的样子确实很像上颚的形状。下面我们将教大家用一种面糊制作出两种圆顶饼干，分别是朗姆酒味圆顶饼干和加了葡萄干的圆顶饼干。

材料（每种饼干各11个，每个直径3cm）

基础面糊

黄油	40 g
糖粉	40 g
鸡蛋	30 g
低筋面粉	50 g

朗姆酒味圆顶饼干

基础面糊	1/2量
朗姆酒	1/2小勺
杏子果酱	30 g
朗姆酒糖霜	
糖粉	20 g
朗姆酒	1/2小勺

加了葡萄干的圆顶饼干

基础面糊	1/2的量
葡萄干	18 g

准备

- 使黄油和鸡蛋回温到室温。
- 在烤盘中铺上烤箱专用垫纸。

烤箱温度	180℃
烘烤时间	8分钟

1. 将黄油放入碗中，用打蛋器充分搅拌，直到搅拌成发胶状为止。

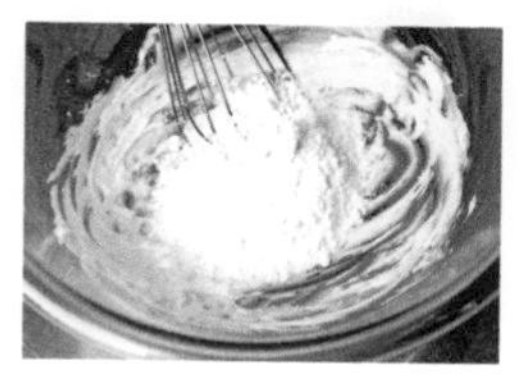
2. 加入糖粉，充分搅拌。

3. 分批少量地加入打散的蛋液，每次加入都要用打蛋器充分搅拌。

4. 搅拌成细腻柔滑的状态即可。

5. 用面粉筛将低筋面粉筛入碗中，用橡胶铲充分搅拌。

6. 搅拌均匀后，将面糊平均分成两份，并分别放入两个碗中。

7. 在其中一份面糊中加入朗姆酒，充分搅拌，制作成略微湿润的面糊。

8. 将该面糊倒入装有圆形裱花头的裱花袋中。

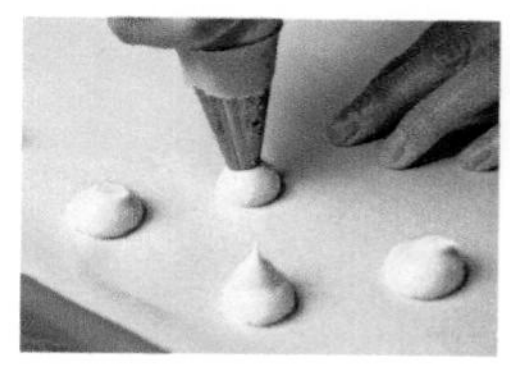
9. 将面糊挤到铺有一层烤箱专用垫纸的烤盘中，注意要挤成直径为3cm左右的圆形。

10. 在另一份面糊中加入葡萄干，充分搅拌。

11. 用勺子将面糊制作成大小适中的球形。

12. 将球形面糊摆放到铺有一层烤箱专用垫纸的烤盘中，放入预热到 180℃的烤箱中烘烤8分钟左右。

13. 将杏子果酱倒入锅中，煮成黏稠状，然后将其涂到朗姆酒味饼干的表面。

14. 将步骤13中制作的饼干摆放到冷却架上，使上面涂的果酱变干。

15. 将糖粉和朗姆酒混合均匀，制作出朗姆酒糖霜。

16. 将步骤 15 的材料刷在步骤 14 的饼干上。

17. 再次摆放到冷却架上，使表面变干。

小提示

糖霜

这里主要给大家介绍用白砂糖制作的装饰性糖霜。涂上糖霜后，不仅会使饼干散发出漂亮的光泽，还能有效地防止饼干变干。除此之外，糖霜还可以给饼干添加漂亮的颜色和各种各样的味道，使用方法可谓多种多样。

水性糖霜

用少量的水将糖粉溶解之后，就能做出蕾库糖霜了。本书中的镜面饼干、环形油酥饼和圆顶饼干都用到了这种糖霜。

皇家糖霜

用柠檬汁和蛋白将糖粉溶解后制成的糖霜。

翻糖膏

将果子露煮成黏稠状后变成的白色结晶。

P 制作朗姆酒糖霜时要少放一些朗姆酒。即使刚开始看起来比较硬，经过搅拌之后也能变得很柔软。

千层酥条

Sacristains

据说，千层酥条的原名来源于一个负责管理修道院圣物的女性，而后修道院就开始制作这款点心。千层酥条制作方法简单且口感非常好，如果做派时剩下多余的面团，可以试试看哦。

材料（32个，每个长7cm ）

基础的香酥派皮（参照本书PP.14~15）
—— 1/4份（厚2mm，12cm×28cm）

蛋白 ——————————适量
白砂糖 ————————适量
干面粉 ————————适量

准备

- 在烤盘中铺上烤箱专用垫纸。

烤箱温度 ………… 200℃
烘烤时间 ………… 10分钟

1．将派皮放到撒了一层干面粉的台面上，用擀面杖擀开。

2．擀成2mm的厚度。

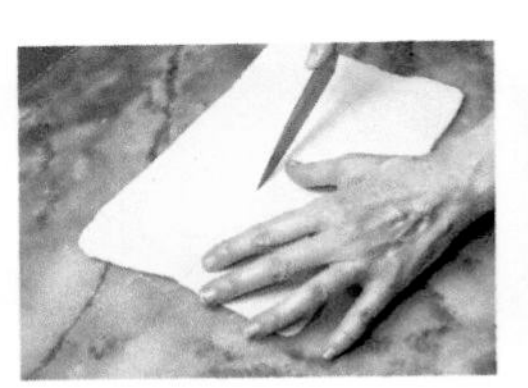

3．用刀子在横竖方向上分别划一刀，将其切成4等份。

4．用刷子将蛋白涂在派皮表面。

5．均匀地撒上一层白砂糖。另一侧也同样撒上白砂糖。

6．用刷子将多余的白砂糖刷掉。

7．用刀将派皮切成6cm×1cm的棒状。

8．用手将切好的派皮卷成如图所示的螺旋状。

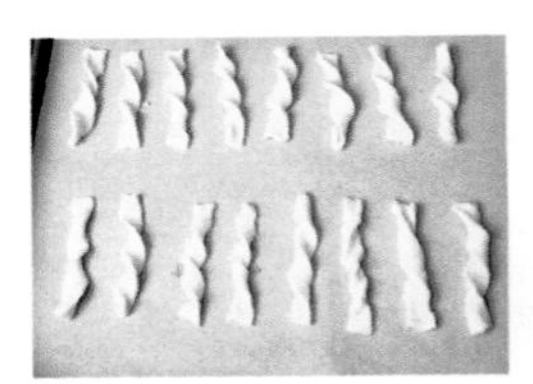

9．将卷好的派皮放在铺有一层烤箱专用垫纸的烤盘中，放入预热到200℃的烤箱里烘烤10分钟左右。

10．烤好后稍微散热，再放到冷却架上冷却。

茴香饼干

Pains d' anis

这款小点心是法国阿尔萨斯地区的传统甜点。阿尔萨斯的首府斯特拉斯堡曾经是一个贸易繁盛之地，商人们经常在这里进行香料的交易，所以出现了使用茴香籽这种香料的茴香饼干。

材料（约20个，每个直径3cm）

鸡蛋	50 g（1个）
白砂糖	80 g
低筋面粉	80 g
泡打粉	1/4小勺
茴香籽	2 g

准备

- 使鸡蛋回温到室温。
- 将低筋面粉和泡打粉混合到一起后过筛。
- 在烤盘中铺上烤箱专用垫纸。

烤箱温度	180℃
烘烤时间	7分钟

1. 将鸡蛋打入碗中，用手持式搅拌机打散。

2. 加入白砂糖。

3. 将手持式搅拌机调成高速，搅拌5分钟~6分钟。

4. 搅拌至微微变白时，停止搅拌。

5. 拿起搅拌头，蛋糊呈丝带状流下为最佳状态。

6. 加入茴香籽，充分搅拌。

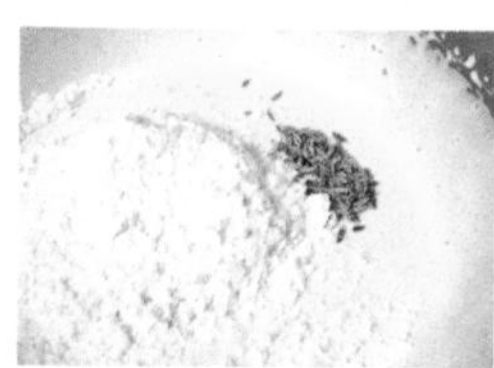

7. 加入筛过的粉类。

8. 用橡胶铲粗略搅拌，注意不要破坏蛋糊的状态。

9. 将面糊倒入装有直径1cm圆形裱花头的裱花袋中，然后挤成直径3cm左右的圆形。

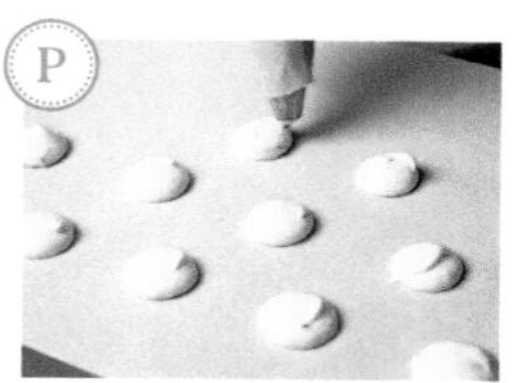

10. 在阴凉处放置一晚，使其表面干燥并形成一层膜。放入预热到180℃的烤箱中烘烤7分钟左右。

将面糊放在阴凉处，使表面干燥后再放入烤箱烘烤，这是烤出美味茴香饼干的窍门。

法式香草钻石饼干

Diamants Vanille

法式巧克力钻石饼干

Diamants Chocolat

这种饼干四周的白砂糖一直在闪闪发光，所以才被称为钻石饼干。这次我们会在其中一半的材料里加入巧克力，制作出两种颜色的钻石饼干。虽然制作钻石饼干的操作步骤简单，但做出的成品却非常精致漂亮。

法式香草钻石饼干

材料（约14个，每个直径2.5cm）

低筋面粉	75g
杏仁粉	9g
糖粉	16g
盐	0.2g
黄油	60g
牛奶	8g
蛋白	适量
白砂糖	适量

准备

- 将黄油切成方块后放入冰箱中冷藏。
- 在烤盘中铺上烤箱专用垫纸。

烤箱温度	180℃
烘烤时间	20分钟

1. 将除了黄油和牛奶之外的材料全部放入食物料理机中。

2. 用食物料理机将材料搅拌均匀后加入黄油块。

3. 用食物料理机将所有材料搅拌成松散的颗粒状。

4. 加入牛奶，充分搅拌。

5. 所有材料都聚集到一起即可。

6. 将面团放入保鲜袋中，擀平后放进冰箱里醒2个小时。

7. 将步骤6的材料从冰箱中取出，在套着塑料袋的状态下将其滚成棒状。

8. 继续用砧板等将其滚成直径为约为 2.5cm 的圆柱体。

9. 用刷子在表面涂上一层蛋白。

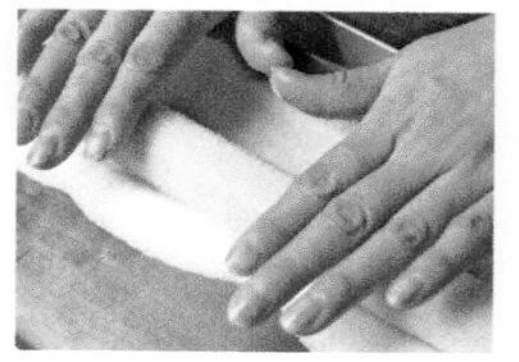

10. 将白砂糖倒入托盘里，将步骤9的材料放入其中滚一圈，使表面均匀地沾上一层白砂糖。

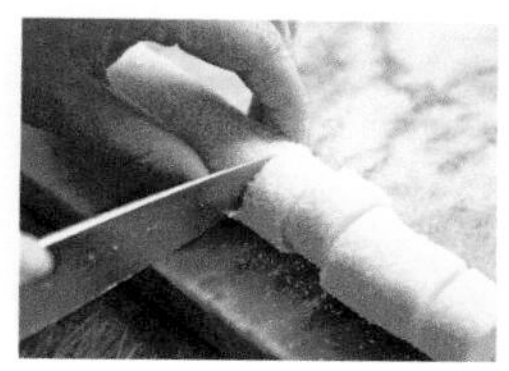

11. 将圆柱体面团放入冰箱中醒2小时左右，然后将其切成厚 1.5cm 的片状。

12. 将切好的片状面团放在铺有一层烤箱专用垫纸的烤盘上，注意摆放时要留出间隔。放入预热到 180℃的烤箱中烘烤 20 分钟左右。

13. 烤好后放到冷却架上冷却。

P 要整理成规整的圆柱形，只需用砧板在上面滚几下即可。

法式巧克力钻石饼干

材料（约14个，每个直径2.5cm）

低筋面粉	50 g
可可粉	15 g
杏仁粉	9 g
糖粉	20 g
盐	0.2 g
黄油	60 g
牛奶	8 g
蛋白	适量
白砂糖	适量

准备

- **请参照法式香草钻石饼干制作方法的步骤1~7制作出面团,并将其放入冰箱中醒一下。**

烤箱温度 ………… 180℃
烘烤时间 ………… 20分钟

1. 按照香草钻石饼干的方法制作出面团，并将其滚成棒状。

2. 用刷子在表面涂上一层蛋白。

3. 将棒状面团放到白砂糖上滚一圈，使表面均匀地沾上一层白砂糖。

4. 切成厚 1.5cm 的片状。

5. 将切好的片状面团放在铺有一层烤箱专用垫纸的烤盘上，然后放入预热到 180℃的烤箱中烘烤 20 分钟。烤好后稍微散热，再放到冷却架上冷却。

P 要想使闪闪发亮的白砂糖均匀地粘到饼干上，窍门是涂一层蛋白后放到白砂糖上滚一圈。

镜面饼干

miroirs

这款饼干因其外形而得名，其华丽的样子能够让人联想到法国王后玛丽·安托瓦内特最爱的镜子。镜面部分是由杏子果酱、杏仁奶油和糖霜3层叠加而成的，看起来非常有立体感，很像一面面美丽而闪耀的镜子。

材料（24~25个份）

蛋白糖霜面糊
- 蛋白 ---------- 30 g
- 白砂糖 ---------- 15 g
- 杏仁粉 ---------- 30 g
- 糖粉 ---------- 30 g
- 低筋面粉 ---------- 7 g
- 杏仁碎 ---------- 适量

杏子果酱

糖霜※
- 糖粉 ---------- 35 g
- 水 ---------- 1小勺

杏仁奶油
- 黄油 ---------- 20 g
- 白砂糖 ---------- 20 g
- 杏仁粉 ---------- 20 g
- 鸡蛋 ---------- 20 g
- 朗姆酒 ---------- 1/2小勺

准备
- 将杏仁粉、糖粉和低筋面粉混合到一起后过筛。
- 使鸡蛋回温到室温。
- 制作出2个圆锥形纸袋（参照页面下方图示的制作方法）。
- 在烤盘中铺上烤箱专用垫纸。

烤箱温度① .... 180℃
烘烤时间 20分钟
烤箱温度② .... 230℃
烘烤时间 约3分钟

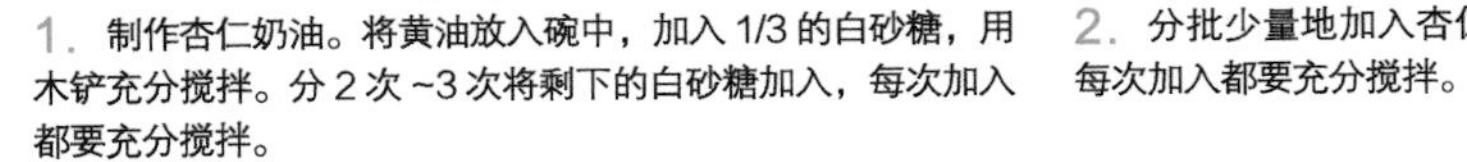

1. 制作杏仁奶油。将黄油放入碗中，加入1/3的白砂糖，用木铲充分搅拌。分2次~3次将剩下的白砂糖加入，每次加入都要充分搅拌。

2. 分批少量地加入杏仁粉，每次加入都要充分搅拌。

3. 分几次加入鸡蛋，每次加入都要充分搅拌。

4. 搅拌均匀后加入朗姆酒，继续用木铲充分搅拌。

5. 制作蛋白糖霜面糊。用手持式搅拌机将蛋白略微打发。

6. 分3次~4次加入白砂糖，全部加入后充分打发。

7. 打发到拿起搅拌头能够拉起坚挺的尖角为止。

小提示

制作圆锥形纸袋

将烘焙纸剪成等腰直角三角形。用手捏住底边中心部分（A），从左端开始向中央卷（B），卷到顶点处（C），继续向前卷，一直卷到另一端为止（D），卷好后将上边长出来的纸向内侧折叠（E）。纸袋中放入奶油后，将口部向下折叠，防止奶油漏出。将尖端剪去一小段，这样就可以挤出奶油了。

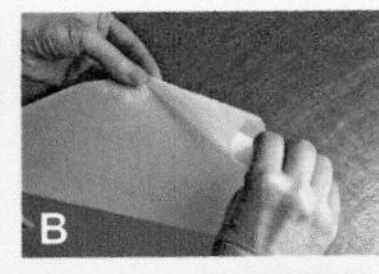

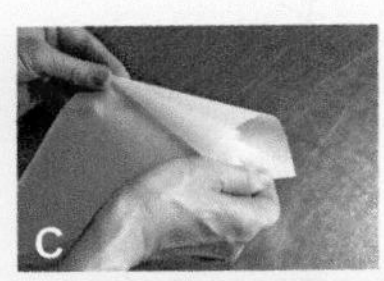

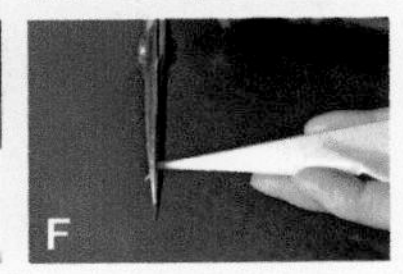

8. 将筛过的杏仁粉、糖粉和低筋面粉倒入步骤7的材料中。

9. 为了防止破坏蛋白打发的状态，用橡胶铲小心地搅拌。

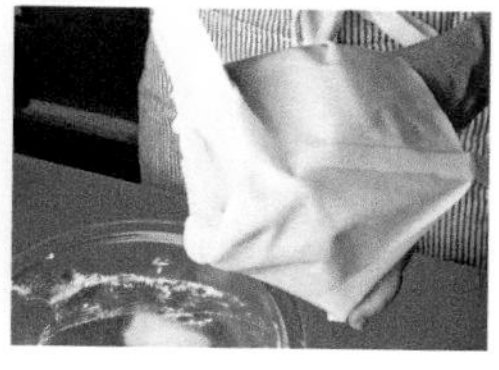

10. 将面糊放入装有直径1cm裱花头的裱花袋中。

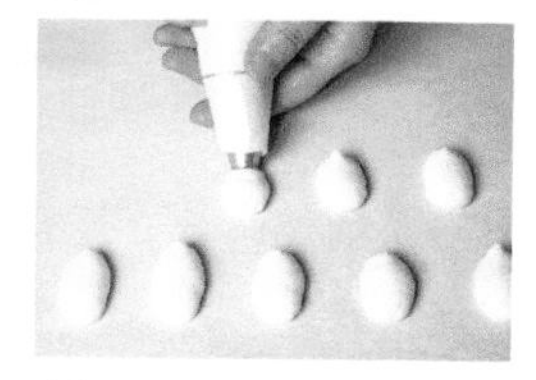

11. 用裱花袋将面糊挤到铺有一层烤箱专用垫纸的烤盘中，注意要挤成长2cm的椭圆状。

12. 将杏仁碎撒到面糊上。

13. 将杏仁奶油放入圆锥形纸袋中，在面糊上挤出一个小两圈的椭圆。

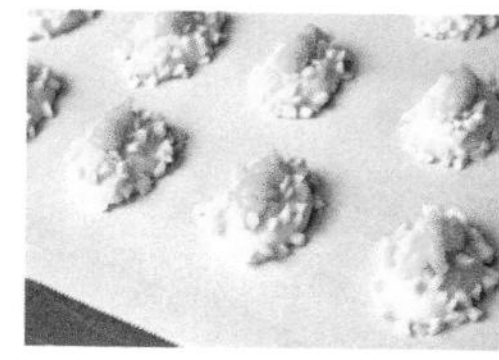

14. 放入预热到180℃的烤箱中烘烤13分钟~15分钟。

15. 烤好后取出，使其稍微散热。

16. 制作糖霜。将糖粉放入小碗中，加入少量的水，充分搅拌。

17. 当变成比较浓稠的状态时，将其放入圆锥形纸袋中。

18. 用圆锥形纸袋将杏子果酱挤到步骤15的材料上。

19. 稍微调整一下杏子果酱的形状。

20. 用圆锥形纸袋将糖霜挤到杏子果酱上。

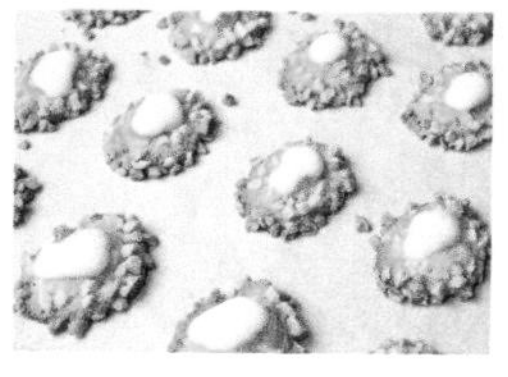

21. 放入预热到230℃的烤箱中烘烤约3分钟，使饼干上的液体变干燥。

P 一边调节水量一边将两者混合，搅拌成比较黏稠的状态即可。

椰子饼干

蛋白糖霜中加入了大量的椰蓉，打造出很有嚼劲的口感。制作瑞士蛋白糖霜时，要一边进行隔水加热一边进行打发。在白砂糖比较多的情况下通常使用这种方法。

材料（长4cm的心形切模，约25个）

香酥挞皮

低筋面粉	50g
杏仁粉	6g
糖粉	30g
盐	1小撮
黄油	30g
鸡蛋	12g

加入椰蓉的瑞士蛋白糖霜

蛋白	25g
白砂糖	25g
椰蓉	25g

准备

- 将黄油切成方块后放入冰箱中冷藏。
- 在烤盘中铺上烤箱专用垫纸。

烤箱温度①	180℃
烘烤时间	约8分钟
烤箱温度②	160℃
烘烤时间	20分钟

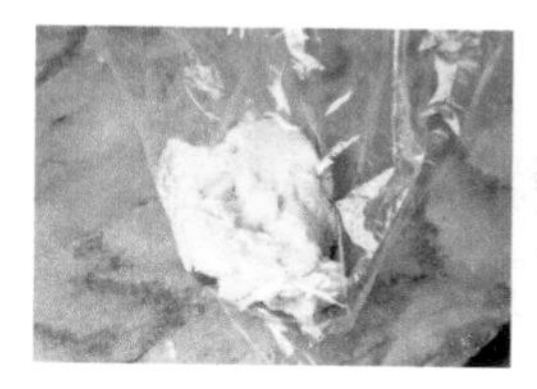

1. 制作香酥挞皮（参照本书p.13），然后将其装入保鲜袋中。

2. 擀平后将挞皮放入冰箱醒2小时~1晚。

3. 将蛋白放入碗中，一边隔水加热一边加入白砂糖。

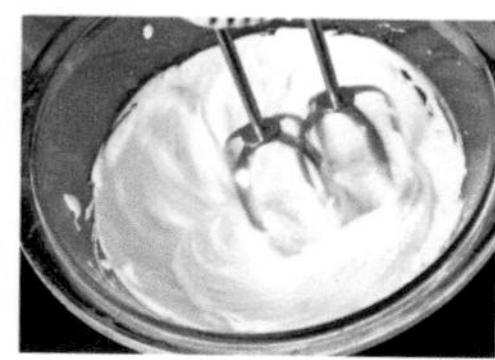

4. 在隔水加热的状态下打发蛋白。

5. 当温度与体温相近时，将碗从热水中拿出。要一直打发到冷却下来为止。

6. 加入椰蓉，用橡胶铲充分搅拌。

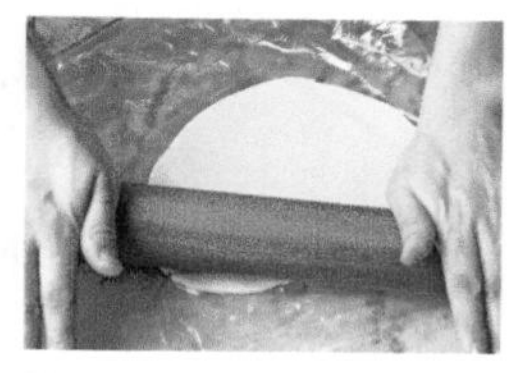

7. 将挞皮擀成厚2mm的片状。

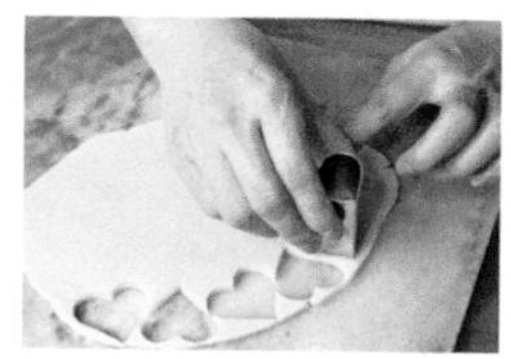

8. 用心形切模将挞皮切成一个个心形。

9. 放入预热到180℃的烤箱中烘烤约8分钟。

10. 烤成稍微发白的颜色后，从烤箱中取出。

11. 将心形切模放到烤好的挞皮上，再将加入椰蓉的蛋白糖霜倒入切模中。

12. 放完蛋白糖霜的样子。

13. 使烤箱降到160℃，将饼干放入其中烘烤20分钟左右，当饼干变成焦黄色就算烤好了。

蝴蝶酥

Palmiers

这款点心烤出来的形状很像展翅的蝴蝶，因此得名蝴蝶酥。烘烤过程中，面团容易横向伸展，所以要在上面撒满白砂糖，使整体形状不至于散开。如果使用市面上买到的冷冻派皮，制作起来会更简单哦。

材料（28个，每个长5cm）

基础的香酥派皮（参照本书PP.14~15）
—— 1/4份（厚2mm，12cm×28cm）
白砂糖 ------------------ 适量
肉桂粉 ------------------ 适量
干面粉 ------------------ 适量

准备

- **在烤盘中铺上烤箱专用垫纸。**

烤箱温度	200℃
烘烤时间	10分钟

1. 将醒好的派皮放到撒有一层干面粉的台面上，用擀面杖擀开。

2. 擀成长条状。

3. 用刀将擀好的面皮切成两半。

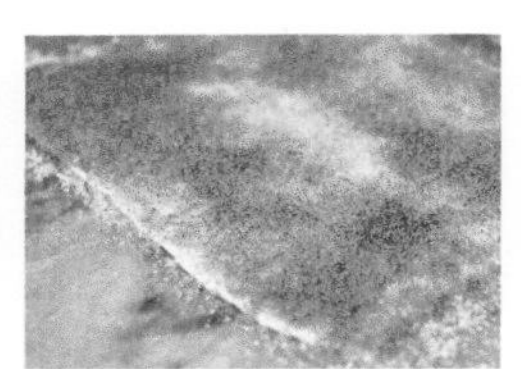

4. 均匀地撒上一层白砂糖，然后再撒上一层肉桂粉。

5. 从两端向内侧折2次。

6. 确保折完2次后正好折到中央位置。

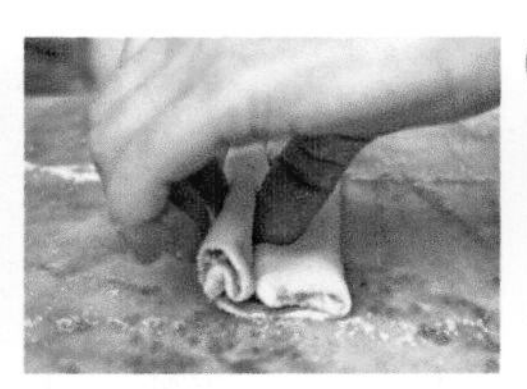

7. 将两端对折起来，另一块面皮也用同样的方式处理好，然后一起放入冰箱中冷却。

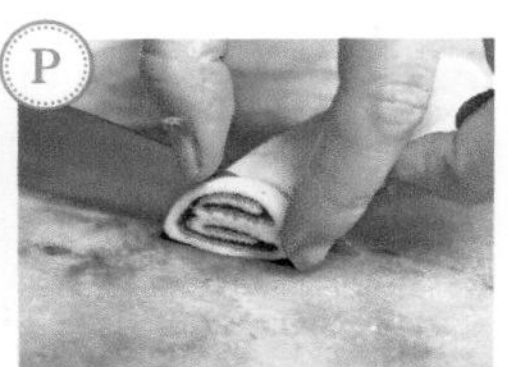

8. 取出切成厚7mm左右的片状，然后摆放到铺有一层烤箱专用垫纸的烤盘中。

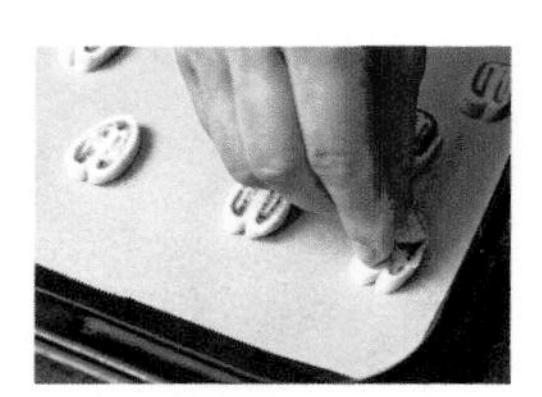

9. 在表面撒上白砂糖，放入预热到200℃的烤箱中烘烤10分钟，烤好后取出进行散热。

如果面皮太软导致不好切，可以放到冰箱中冷冻，待其半冷冻的状态后再切。

PETIT-FOUR
Sec

松子羊角饼干

Croissants aux Pignons

法国南部非常流行加入坚果的点心。这款松子羊角饼干就是其中之一，它的外形比较像羊角，制作时要直接用手捏出羊角的形状，所以法国当地做出的松子羊角饼干在色泽和大小上也各不相同。除此之外，这款饼干的味道还很适合搭配意式浓咖啡哦。

材料（14个，每个长5cm）

蛋白	20 g
糖粉	55 g
杏仁粉	60 g
松子	25 g

准备

- 将糖粉和杏仁粉混合到一起后过筛。
- 使蛋白回温到室温。
- 在烤盘中铺上烤箱专用垫纸。

烤箱温度	110℃
烘烤时间	60分钟

1. 将蛋白倒入碗中，稍微打散，然后加入筛过的糖粉和杏仁粉。

2. 加入松子。

3. 用木铲充分搅拌，直到所有材料都混合均匀为止。

4. 如果水分比较多，可以再多加一些杏仁粉。

5. 取下15g左右的面团，在手中滚成条状。

6. 将两端捏细。

7. 将两端向内弯曲，制作成羊角的样子。

8. 将捏好的羊角形面团放在铺有一层烤箱专用垫纸的烤盘中。

9. 放入预热到110℃的烤箱中烘烤60分钟左右。

PETIT-FOUR

Sec

维也纳酥饼

Viennois

这款被冠以“维也纳”之名的点心不需要烤出颜色，而是要烤成像沙布列一样的白色。制作面糊时加入糖粉，使整体口味清爽、口感酥脆。最后在饼干上点缀上独创的装饰。

材料（约20个，每个4cm×3cm）

黄油	62 g
糖粉	27 g
盐	1小撮
蛋白	10 g
低筋面粉	75 g
红樱桃、绿樱桃罐头（或果脯）	各适量

准备

- 使黄油回温到室温。
- 将低筋面粉过筛。
- 在烤盘中铺上烤箱专用垫纸。

烤箱温度	180℃
烘烤时间	约8分钟

1. 将黄油放入碗中，用木铲充分搅拌。

2. 分批少量地加入糖粉，每次加入都要充分搅拌。

3. 当糖粉和黄油混合均匀后加入盐，充分搅拌。

4. 分批少量地加入蛋白，每次加入都要充分搅拌。

5. 加入香草精，用木铲快速搅拌。

6. 将筛过的低筋面粉分2次加入，每次加入都要用橡胶铲充分搅拌。

7. 一直搅拌到看不见干面粉为止。

8. 将面糊放入装有直径8mm星形裱花头的裱花袋中。

9. 用裱花袋将面糊在烤箱专用垫纸上挤成S形。

10. 将切成小块的红樱桃和绿樱桃装饰到面糊上，放入预热到180℃的烤箱中烘烤约8分钟。

P 饼干上色的深浅可以按照自己的喜好进行调整。

PETIT-FOUR *Sec*

公主夹心饼干

Princesses

在两块薄薄的饼干中间夹上一层杏子果酱，然后用巧克力在饼干表面画上线条装饰，也许这种精致的装饰就是它得到“公主夹心饼干”这个优雅名字的原因吧。如果选择比较酸的杏子果酱，整体的味道会显得更有层次感。

材料（约10组份，每份直径5cm）

黄油	34 g
糖粉	63 g
鸡蛋	50 g（1个）
香草精	适量
低筋面粉	63 g
杏子果酱	30 g
巧克力	适量

准备

- 使黄油和鸡蛋回温到室温。
- 在烤盘中铺上烤箱专用垫纸。
- 算准烤好的时间，用隔水加热的方法将巧克力化开。
- 制作圆锥形纸袋（参照本书p.44）。

烤箱温度	180℃
烘烤时间	12分钟

1. 将黄油放入碗中，用木铲充分搅拌，加入糖粉，继续充分搅拌。

2. 将鸡蛋打散，分批少量地加入碗中。

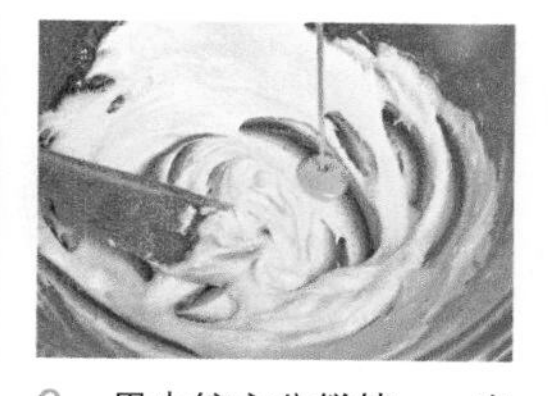

3. 用木铲充分搅拌，一直搅拌到稍微发白为止。

4. 加入香草精，充分搅拌。

5. 将低筋面粉筛入碗中，用橡胶铲充分搅拌。

6. 搅拌好的面糊的状态。

7. 将面糊放入装有直径1.5cm圆形裱花头的裱花袋中。

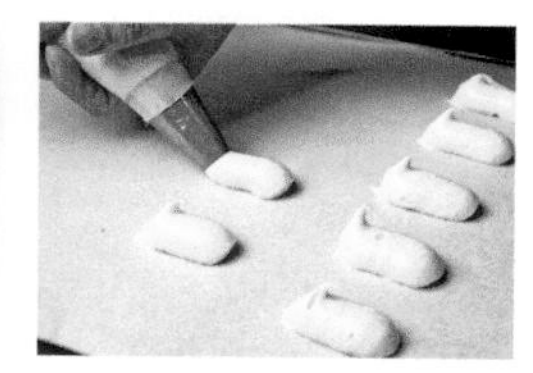

8. 在烤箱专用垫纸上挤出长约5cm的一字形面糊。

9. 放入预热到180℃的烤箱中烘烤12分钟左右。

10. 烤好后取出，放到冷却架上冷却。

11. 以2块饼干为1组，在其中一块上涂上一层杏子果酱。

12. 将另一块饼干叠放到上面。

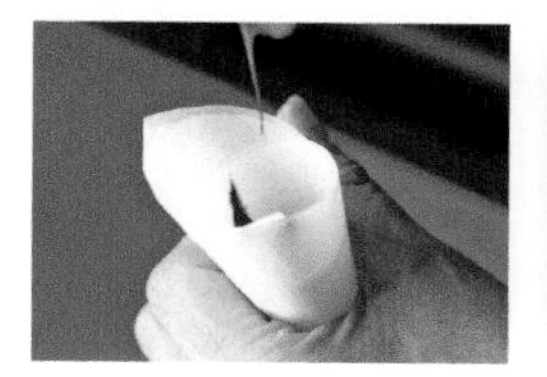

13. 将已经化开的巧克力放入圆锥形纸袋中。

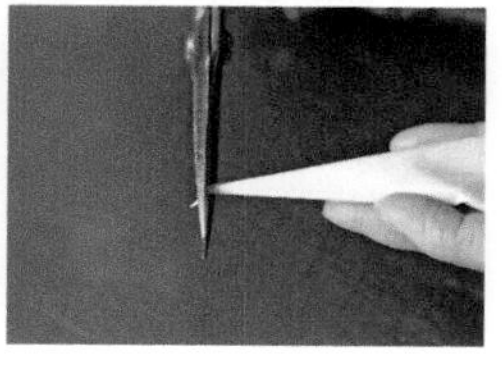

14. 在圆锥形纸袋的尖端剪出一个刚好能够挤出巧克力的小口。

15. 将步骤14中圆锥形纸袋里的巧克力在步骤12的饼干上左右移动，画出直线型的装饰性线条。

迷你林茨饼干

Mini Linzers

这款迷你林茨饼干是阿尔萨斯地区常见的点心，其制作方法是在加入了香料的挞皮上涂上覆盆子果酱进行烘烤，可以说是一种迷你的挞型点心。酸甜的果酱和加入香料的挞皮组合起来，绝妙的味道能给人留下深刻的印象。

材料（约25个，每个直径3cm）

低筋面粉	100 g
杏仁粉	65 g
泡打粉	2 g
肉桂粉	1小勺
肉豆蔻	1/2小勺
黄油	75 g
蔗糖	50 g
香草精	适量
鸡蛋	25g（1/2个）
覆盆子果酱	适量
干面粉	适量
蛋液	适量

准备

- 将低筋面粉、杏仁粉和泡打粉混合到一起后过筛。
- 使黄油和鸡蛋回温到室温。
- 在烤盘中铺上烤箱专用垫纸。
- 制作圆锥形纸袋（参照本书p.44）。

烤箱温度	180℃
烘烤时间	15分钟

1. 将筛过的低筋面粉、杏仁粉和泡打粉倒入碗中。

2. 加入肉桂粉和肉豆蔻，充分搅拌。

3. 将黄油加入另一个碗中，用木铲搅拌成发胶状。

4. 加入蔗糖和香草精，充分搅拌。

5. 将鸡蛋打散后分批少量地加入，每次加入后都要用木铲充分搅拌，使鸡蛋完全乳化。

6. 用面粉筛将步骤2中的粉类筛入碗中，充分搅拌。

7. 当所有材料完全混合后，将其聚集到一起。最佳状态是变成均匀的粗颗粒状。

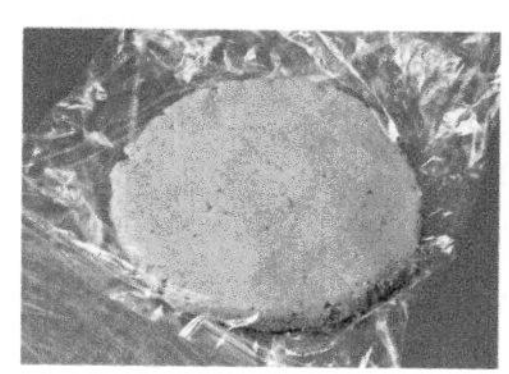

8. 将面团放入保鲜袋中，用擀面杖擀平，放入冰箱中醒1个小时。

9. 在台面上撒一层干面粉，取出面团，用擀面杖擀成厚5mm的片状。

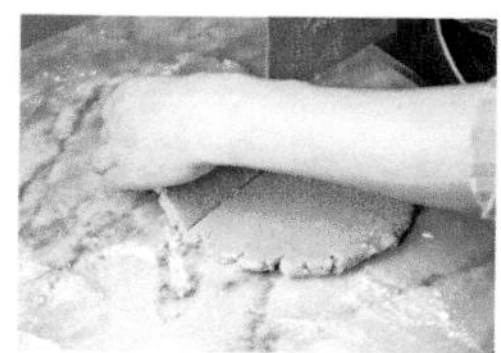

10. 将面片切成两半。

11. 将其中一半擀成厚2mm的片状。

12. 用直径3cm的切模将面片切成一个个圆形。

13. 将圆形面片放到烤箱专用垫纸上。

14. 另一半也擀成厚2mm的片状，用圆形切模切成圆形，再用心形切模在中间切出心形。

15. 用刷子在圆形面片的边缘涂上一层蛋液。

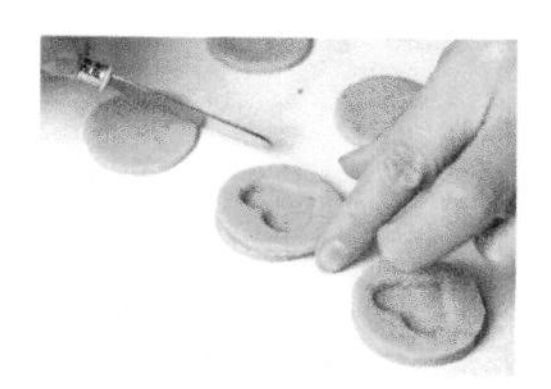

16. 将中间切出心形的面片叠放在上面。

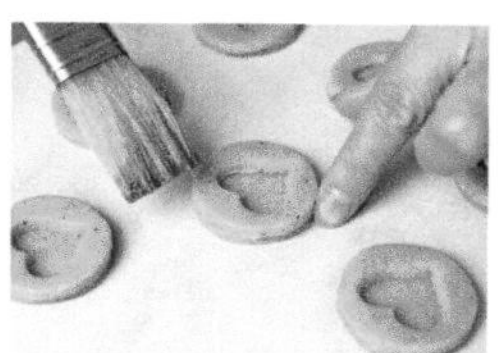

17. 用刷子在表面再涂上一层蛋液。

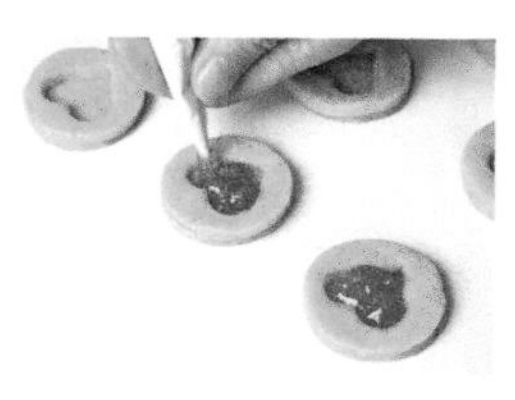

18. 制作圆锥形纸袋，用它将果酱挤到心形中。

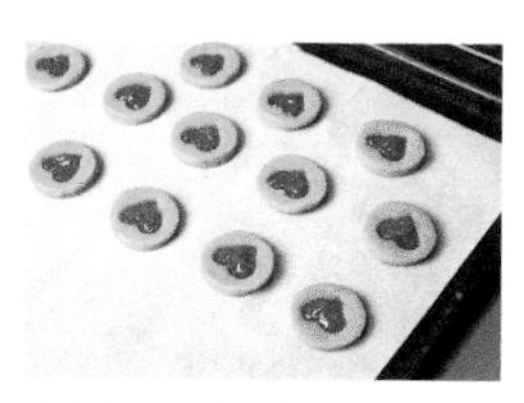

19. 放入预热到180℃的烤箱中烘烤15分钟左右。

罗密亚曲奇饼干

Romias

加入了杏仁和黄油的馅料与饼干完美结合到一起，打造出了这款口味浓厚的罗密亚曲奇饼干。罗密亚曲奇饼干有专门的裱花头，但并不常见，所以这次我们使用了星形的裱花头。在制作面糊之前要先做好馅料哦。

材料（约18个，每个直径4cm）

黄油	63 g
糖粉	25 g
盐	0.5 g
香草精	适量
蛋白	10 g
低筋面粉	75 g

馅料

水饴	20 g
白砂糖	20 g
黄油	20 g
杏仁片	20 g

准备

- 使鸡蛋、黄油和水饴回温到室温。
- 在烤盘中铺上烤箱专用垫纸。

烤箱温度 180℃
烘烤时间 18分钟

1. 制作馅料。将水饴和白砂糖放入锅中，开中火加热。

2. 待白砂糖化开后将锅从火上拿下来，加入黄油充分搅拌。

3. 当黄油化开且出现气泡时，加入杏仁片。

4. 快速搅拌杏仁片，使其聚集到一起。

5. 将步骤1中的材料倒到烤箱专用垫纸上，待其冷却。

6. 稍微冷却后，将其捏成直径为2cm的棒状，放入冰箱中冷却固化，直到其凝固至能切开的硬度为止。

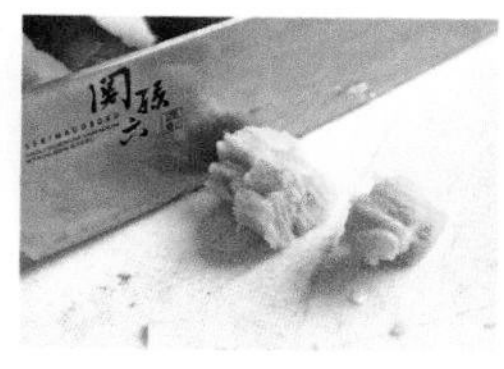

7. 将其切成厚5mm左右的片状。

8. 将黄油放入碗中，用木铲搅拌成发胶状。

9. 加入糖粉和盐，充分搅拌。

10. 加入香草精和蛋白，充分搅拌。

11. 用面粉筛将低筋面粉筛入，充分搅拌。

12. 搅拌均匀后，将面糊聚成一团。

13. 将面糊倒入装有星形裱花头的裱花袋中，然后将其挤到烤箱专用垫纸上。

14. 在挤出面糊的中央放上步骤7中的馅料。

15. 将准备好的面糊放到铺有一层烤箱专用垫纸的烤盘中，放入预热到180℃的烤箱中烘烤18分钟左右。

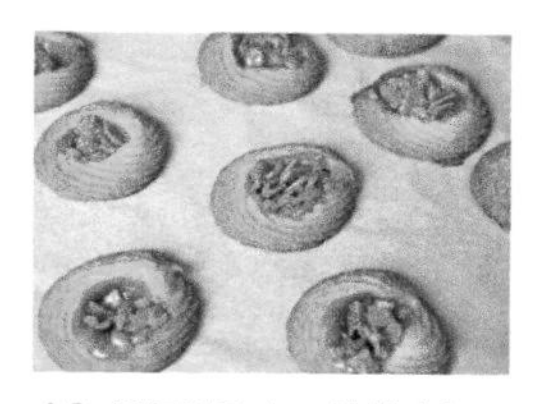

16. 烤好后取出，待其冷却。

为了防止化开的黄油流出，要一边用烤箱专用垫纸使其聚集到中心，一边捏成棒状。

巧克力曲奇饼干

P é rouviens

“PEROUVIENS”的意思是“秘鲁的”。因为制作巧克力的原料——可可豆是在南美被发现的，所以巧克力味的点心经常被冠以这个名字。制作面糊时，要趁巧克力变冷前搅拌均匀，这样挤面糊的时候才会比较省力。

材料（约16个，每个直径3.5cm）

材料	用量
黄油	45 g
糖粉	27 g
黑巧克力	10 g
蛋黄	15 g
低筋面粉	16 g
杏仁粉	56 g

甘纳许

材料	用量
巧克力	20 g
鲜奶油	20 g

准备

- 使黄油和鸡蛋回温到室温。
- 将黑巧克力切碎，用隔水加热的方法充分化开。
- 在烤盘中铺上烤箱专用垫纸。
- 制作圆锥形纸袋（参照本书p.44）。

烤箱温度	180℃
烘烤时间	7分钟

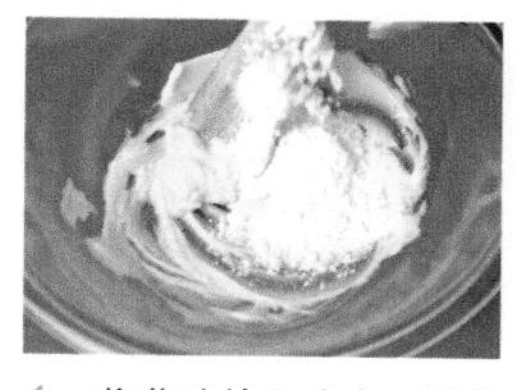

1. 将黄油放入碗中，用木铲搅拌成较软的状态，加入糖粉，充分搅拌。

2. 加入化好的黑巧克力，充分搅拌。

3. 加入蛋黄，充分搅拌。

4. 用面粉筛将低筋面粉和杏仁粉一起筛入碗中。

5. 用橡胶铲充分搅拌。

6. 当搅拌到所有材料都混合均匀且看不见干面粉的状态时即可。

7. 将面糊放入装有小型星形裱花头的裱花袋中。

8. 挤成直径为3cm的环状，放入预热到180℃的烤箱中烘烤7分钟。

9. 烤好后取出，放到冷却架上冷却。

10. 制作甘纳许。将鲜奶油倒入小锅中，开火加热。

11. 当到达快要沸腾的温度时，将小锅从火上拿下来，放入切碎的巧克力并使其化开。

12. 巧克力完全化开后，用打蛋器轻轻搅拌。

13. 将甘纳许放入圆锥形纸袋中，挤到烤好的饼干中央。

P 要等鲜奶油的余热将巧克力彻底化开后再搅拌。如果这一步搅拌过头，甘纳许就会失去光泽。搅拌过程中有可能出现分离现象，所以手法一定要轻柔。

香橙羚羊角夹心饼干

Cornes de Gazelle

这款香橙羚羊角夹心饼干是摩洛哥、突尼斯等北非或马格里布地区的点心，它的外形模仿了食草动物羚羊的犄角形状。外面的饼干酥脆可口，里面则夹着润滑的香橙味杏仁膏。当地正宗的做法要在表面涂上花水。

材料（15个，每个长5cm）

低筋面粉	100 g
黄油	30 g
牛奶	40ml
杏仁膏	60 g
柑曼怡甜酒（可不加）	适量
糖粉	适量

准备

- 将黄油切成方块后放入冰箱中冷藏。
- 在烤盘中铺上烤箱专用垫纸。

烤箱温度	150℃
烘烤时间	12分钟

1. 将低筋面粉放入食物料理机中。

2. 稍微搅拌一下，使空气进入。

3. 加入黄油块，用食物料理机搅拌。

4. 搅拌成松散的颗粒状。

5. 加入牛奶后继续搅拌。

6. 搅拌至面糊稍微成团即可。

7. 从食物料理机中取出面糊，用手将其整理成一个面团。

8. 将面团放入一个保鲜袋中，按压成圆饼状，然后在冰箱中醒 2 小时以上。

9. 在台面上撒一些高筋面粉，用擀面杖将面团擀成宽 12cm、厚 1.5cm 的片状。

10. 将片状面皮切成数个 6cm × 6cm 的正方形。

11. 将正方形面皮放到铺了垫纸的烤盘上。

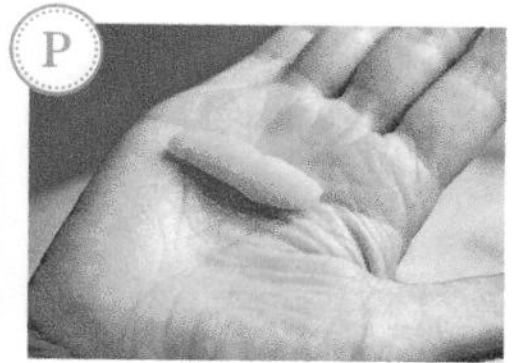

12. 将杏仁膏捏成棒状，然后切成 4g 左右的小段。

13. 将切好的杏仁膏放在步骤 10 的面皮上。

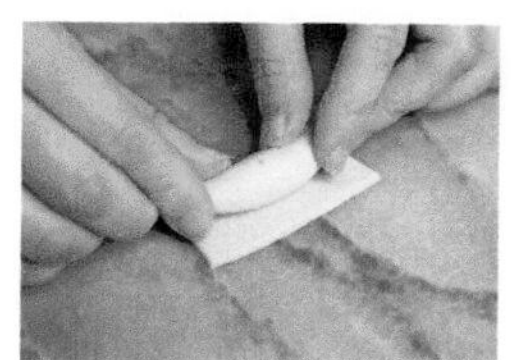

14. 用面皮将杏仁膏卷起来。

15. 用手将两端捏弯，制成羚羊角的形状。

16. 放入预热到150℃的烤箱中烘烤12分钟左右。

17. 趁热将柑曼怡甜酒涂在表面。

18. 将表面粘满糖粉。

每个羚羊角饼干里夹的杏仁膏为 4g，这是用面皮卷起来后刚好不会露出来的量。

烟卷饼干

Cigarettes

这款烟卷饼干形如其名，是一款模仿烟卷形状的独特甜点。它的面糊层非常轻而薄，容易因为轻微的温度差或某些烤箱特性而产生烘烤不均匀的情况。请大家用自己常用的烤箱边观察边烘焙。

材料（约16个，每个长7.5cm）

蛋白	30 g
香草精	少许
糖粉	30 g
低筋面粉	13 g
黄油	30 g

准备

- 制作烟卷饼干的模具。在放蛋糕的硬纸板（厚2mm）上剪出一个直径为7.5cm的圆形，修剪外侧，留出1cm左右的边（A）。
- 将3支左右的细吸管剪成12cm长，外面包上一层铝箔，来充当制作烟卷饼干时的内芯。
- 用隔水加热的方法将黄油化开。
- 使鸡蛋回温到室温。

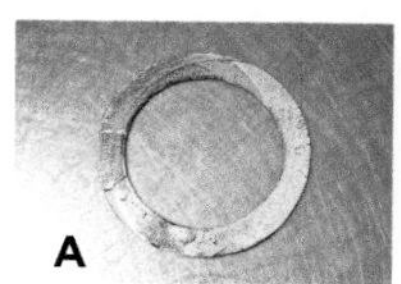

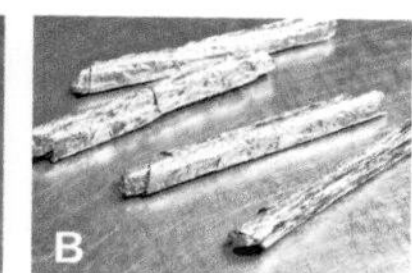

烤箱温度	180℃
烘烤时间	6分钟

1.将蛋白放入碗中，用叉子稍微打散后加入香草精。

2.用面粉筛将糖粉筛入碗中，继续用叉子充分搅拌。

3.用面粉筛将低筋面粉筛入碗中，充分搅拌。

4.加入用隔水加热的方式化开的黄油。

5.充分搅拌，一直搅拌到面糊变成黏稠的状态为止。

6.将剪好的模具放到烤箱专用垫纸上，舀1大勺步骤5的面糊倒入模具中。

7.用抹刀将面糊抹平（厚2mm）。

8.拿开模具，将烤箱专用垫纸放到烤盘上，放入预热到180℃的烤箱中烘烤6分钟左右。

9.烤好后用抹刀等工具将饼干从烤箱专用垫纸上剥下来。

10.趁热将饼干卷到准备好的内芯棒上。

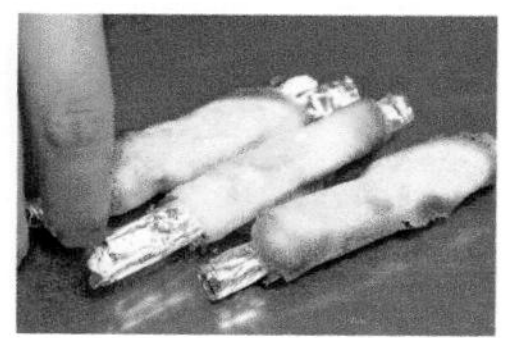

11.待饼干定型后，将内芯棒抽出。

P 趁热卷饼干的时候，最好戴上手套操作。

布列塔尼黄油饼干

Geteau Breton

这款使用了大量黄油的饼干是布列塔尼地区的传统点心。因为主要材料是黄油，所以这款饼干的口感非常湿润。放入口中后，朗姆酒的香味会慢慢扩散开来，让你享受到多层次的美味。

材料（约30个，每个3cm×3cm）

黄油	100 g
白砂糖	80 g
盐	少许
蛋黄	2个
朗姆酒	1小勺
低筋面粉	80 g
高筋面粉	40 g
蛋液（整蛋）	适量

准备

- **使鸡蛋和黄油回温到室温。**
- **将低筋面粉和高筋面粉混合到一起后过筛。**

烤箱温度	180℃
烘烤时间	约30分钟

1. 将黄油放入碗中，用木铲搅拌成较软的状态，分批少量地加入白砂糖，每次加入都要充分搅拌。

2. 当白砂糖和黄油混合均匀后加入盐，然后分批少量地加入蛋黄，每次加入后都要充分搅拌。

3. 为了使蛋黄与其他材料完全混合，要用木铲充分搅拌。

4. 加入朗姆酒。

5. 充分搅拌，直到面糊变成均匀的状态为止。

6. 用面粉筛将粉类筛入碗中。

7. 充分搅拌，使粉类与其他材料完全混合。

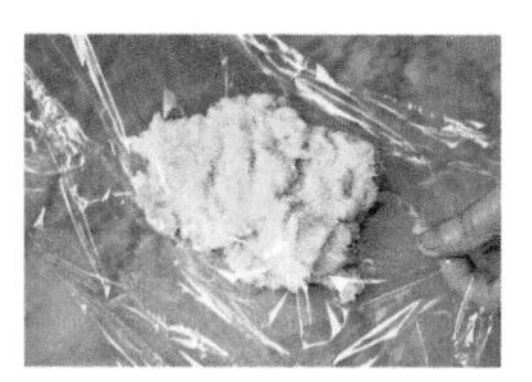

8. 将面糊聚集到一起，取出后放在2张保鲜膜之间。

9. 用擀面杖将其擀成厚1cm的片状。

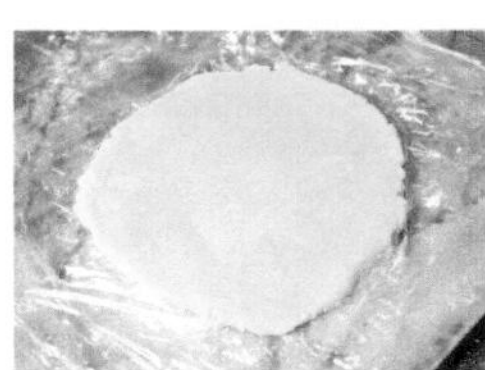

10. 放入冰箱中醒2个小时以上。

11. 取出后放到铺了烤箱专用垫纸的烤盘上。

12. 用刷子在表面刷2遍蛋液。

13. 用刀背在表面划出细细的格子纹。

14. 放入预热到180℃的烤箱中烘烤约30分钟。

15. 烤好后趁热切成边长为3cm的正方形。

P 冷却之后切起来会费劲，趁热切更方便，而且切出来的形状也更整齐。

圣美爱浓马卡龙

Saint-Emilion

这款圣美爱浓马卡龙是著名红酒产地——波尔多圣美爱浓地区的传统点心。据说，当时人们在制作的时候曾经放入过红酒。当你在这座小城中游览时，随处可以见到制作马卡龙的场景。

材料（25个）

蛋白糖霜
- 蛋白 ------ 33 g（约1个鸡蛋）
- 白砂糖 ------ 75 g

杏仁粉 ------ 45 g
糖粉 ------ 适量

准备

- 使蛋白回温到室温。

烤箱温度	160℃
烘烤时间	15分钟

1. 将蛋白放入碗中，用手持式搅拌机稍微打发。

2. 打发到六分程度时，分3~4次加入白砂糖，在这个过程中要一直持续打发。

3. 打发到能够拉起尖角的程度。

4. 用面粉筛将杏仁粉筛入碗中。

5. 用橡胶铲轻轻搅拌，注意不要破坏蛋白糖霜的状态。

6. 面糊搅拌好的样子。

7. 将面糊放入装有直径1.5cm圆形裱花头的裱花袋中。

8. 在烤盘中铺上烤箱专用垫纸，在上面挤出圆形面糊。

9. 用刷子在表面刷一层水。

10. 将糖粉撒在面糊表面，放入预热到160℃的烤箱中烘烤15分钟。

11. 烤好之后表面会出现一些裂纹。

在表面撒上糖粉后，马卡龙里面间接受热，烤出来会比较柔软。

PETIT-FOUR
Sec

布列塔尼地方饼干

Galettes Bretonne

这款饼干是乳制品和盐的产地——布列塔尼的传统点心。它的法语原名"Galettes bretonne"中的"Galette"是圆形点心的总称，而"bretonne"则是布列塔尼地方风味的意思。这款口感酥脆且突出了黄油和盐味道的小点心是沙布列饼干的一种。

材料（30个，每个直径3.3cm）

材料	用量
杏仁（带皮的）	35 g
粗白砂糖	45 g
高筋面粉	45 g
低筋面粉	45 g
盐	少许
泡打粉	1g
黄油	90 g
鸡蛋	25 g
朗姆酒	5ml
蛋液	适量

准备

- 将黄油切成边长为1cm的方块后放入冰箱中冷藏。
- 在烤盘中铺上烤箱专用垫纸。

烤箱温度 .... 180℃
烘烤时间 14分钟

1. 将杏仁和粗白砂糖一起放入食物料理机中，稍微搅拌一下，使杏仁变成较粗的碎块。

2. 加入低筋面粉、高筋面粉、盐和泡打粉，充分搅拌。

3. 加入黄油，继续搅拌。

4. 搅拌成还留有一些颗粒的状态即可。

5. 分批少量地加入打散的鸡蛋和朗姆酒，每次加入后都要充分搅拌。

6. 当所有材料聚集成一个整体时，撒上一些干面粉，将面团取出。

7. 将面团揉到一起，放入塑料袋中。

8. 用擀面杖将面团擀成片状，放入冰箱中醒一个晚上。

9. 将面团擀成厚5mm的片状，用直径3.3cm的圆形切模切成一个个圆形。

10. 将切好的圆形面片放到铺有一层烤箱专用垫纸的烤盘中。

11. 用刷子在表面刷2遍蛋液。

12. 用刀背在表面划出格子花纹。

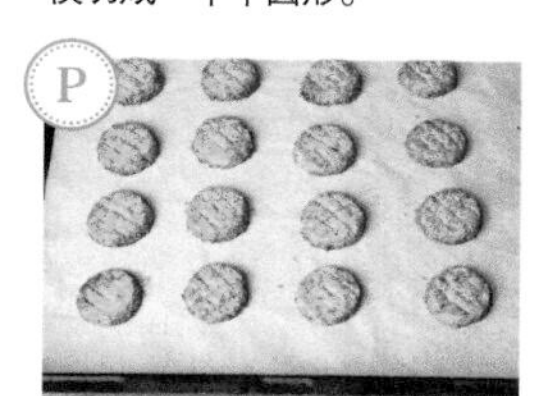

13. 放入预热到180℃的烤箱中烘烤14分钟。

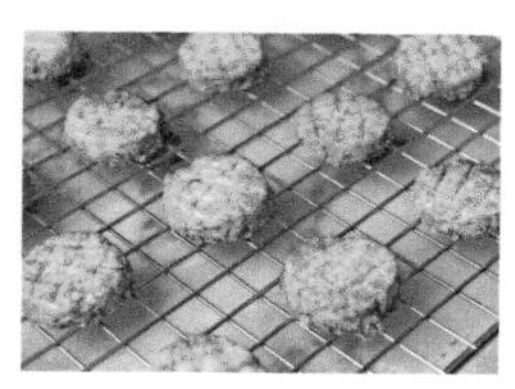

14. 烤好后放到冷却架上冷却。

P 这款点心比较厚，一定要确保里面也要烤熟。

杏仁岩石饼干

Rochers aux amandes

将加入了白砂糖并充分打发的蛋白糖霜和杏仁粉混合到一起，然后用勺子将面糊舀到烤箱专用的垫纸上，这样就能做出天然岩石形状的饼干。这款饼干要用低温长时间烘烤，使热量慢慢地渗入到饼干内部。

材料（18个~20个，每个直径2.5cm）

蛋白糖霜
- 蛋白 33 g
- 白砂糖 40 g

杏仁粉 50 g

准备
- 使蛋白回温到室温。
- 在烤盘中铺上烤箱专用垫纸。

烤箱温度	120℃
烘烤时间	60分钟

1. 将蛋白和白砂糖放入碗中。

2. 放入热水中隔水加热，边加热边用手持式搅拌机打发。

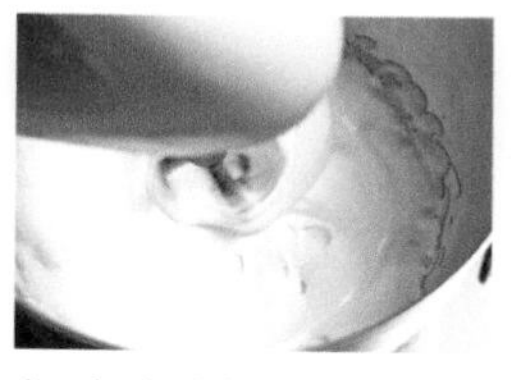

3. 打发到变白且细腻柔软的状态为止。

4. 从热水中取出，继续打发10分钟，打发到拿起搅拌头能够拉起尖角的程度为止。

5. 用面粉筛将杏仁粉筛入碗中。

6. 用橡胶铲充分搅拌。

7. 至所有材料完全混合即可。

8. 用勺子舀起面糊，放到铺有一层烤箱专用垫纸的烤盘上。

9. 放入预热到120℃的烤箱中烘烤1小时即可。

小提示

蛋白糖霜的打发

蛋白糖霜是将蛋白和白砂糖混合后打发而成的白色乳状物。加入白砂糖的方法、温度和打发方法不同，做出的蛋白糖霜也会有所不同。在确认蛋白糖霜的打发状态时，可以举起搅拌头，如果打发的蛋白糖霜能够“拉起尖角”，就算完全打发了。目前最流行的打发方法是将白砂糖加入蛋白中进行打发，这种被称为法式蛋白糖霜（meringue francaise）。除此之外，还有几种比较流行的蛋白糖霜的制作方法。比如，用白砂糖和水制作出滚烫的果子露，然后将其注入到轻微打发的蛋白中，从而使糖霜更有光泽（意大利蛋白糖霜meringue italienne）或边隔水加热边打发蛋白（瑞士蛋白糖霜meringue Suisse。这款饼干制作中用到的就是瑞士蛋白糖霜。）

蒙莫里永马卡龙

Montmorillons

这款点心来自法国普瓦图·夏朗德地区的蒙莫里永小镇，从4个世纪之前就开始流传。蒙莫里永马卡龙外形很像挤出来的奶油花，是一款非常可爱又朴实的花式小点心。另外，它的味道与意式浓缩咖啡很搭。

材料（12个，每个直径3cm）

蛋白糖霜
- 蛋白 ………… 38 g
- 白砂糖 ………… 50 g

杏仁粉 ………… 100 g

糖粉 ………… 50 g

准备

- 使鸡蛋回温到室温。
- 将杏仁粉和糖粉混合到一起后过筛。
- 在烤盘中铺上烤箱专用垫纸。

烤箱温度	180℃
烘烤时间	12分钟~15分钟

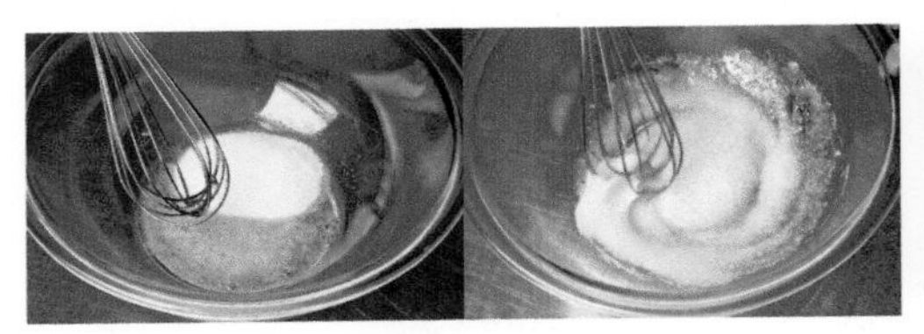

1. 将蛋白和白砂糖放入碗中，用打蛋器充分搅拌。

2. 当白砂糖和蛋白混合均匀后，加入杏仁粉和糖粉。

3. 用木铲充分搅拌。

4. 不停搅拌，直到所有材料完全混合均匀为止。

5. 当搅拌到看不见干粉且面糊变成细腻均匀的状态时就可以了。

6. 将面糊放入装有星形裱花头的裱花袋中，然后在铺好烤箱专用垫纸的烤盘上挤出直径 3cm 左右的圆形。

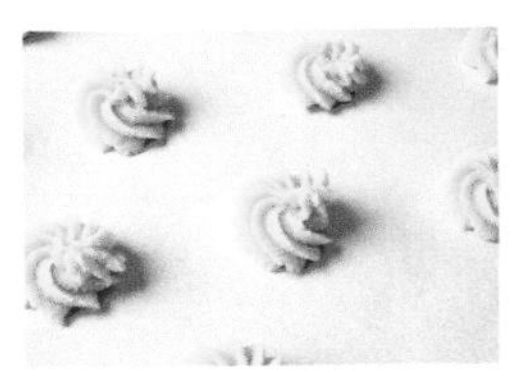

7. 将面糊全部挤完，注意挤的时候中间要留出间隔。

8. 放入预热到 180℃的烤箱中烘烤 12 分钟 ~15 分钟。

9. 烤好后放到冷却架上，待其变干即可。

巴黎双层马卡龙

Macarons Parisiens

法国各地有着各种各样的马卡龙，不过最为人们所熟知的应该就是巴黎双层马卡龙了。这款点心的特征是表面酥脆可口、内馅香甜润滑，边缘处有着可爱的“裙边”。

材料（10个~12个）

马卡龙面糊

蛋白	60 g
白砂糖	22 g
杏仁粉	75 g
糖粉	135 g
色粉（红）	少许

杏仁馅

黄油	30 g
杏仁酱	15 g
细白砂糖	8 g
覆盆子果酱	适量

准备

- 将杏仁粉和糖粉混合到一起后过筛。
- 使黄油和鸡蛋回温到室温。
- 在烤盘中铺上烤箱专用垫纸。

烤箱温度	140℃
烘烤时间	10分钟

1. 将色粉用清水溶解。

2. 将蛋白放入碗中，用手持式搅拌机搅打。

3. 稍微打发后，分3次加入白砂糖，这个过程中要一直持续打发。

4. 要打发到拿起搅拌头能拉起坚挺尖角的程度。

5. 取一半筛过的杏仁粉，和糖粉一起加入步骤4的材料中。

6. 用橡胶铲充分搅拌。

7. 基本拌匀后加入另一半杏仁粉和糖粉，边搅边按破生成的气泡。

8. 搅拌到最初的蛋白糖霜只剩1/3的程度即可。

9. 将步骤8中一半的材料转移到另一个碗中。

10. 继续搅拌，一直搅拌到细腻光滑且没有气泡的状态为止。

11. 将面糊放入装有直径1cm的圆形裱花头的裱花袋中，挤出直径1.5cm~2cm的圆形面糊。

12. 继续搅拌。

13. 一直搅拌到细腻光滑且没有气泡的状态为止。

14. 将面糊放入装有直径1cm的圆形裱花头的裱花袋中，挤出直径1.5cm~2cm的圆形面糊。

15. 两种面糊都要在常温下放置一段时间，使表面变干。

16. 用手指轻轻按一下，感觉面糊不会粘到手上时，放入预热到140℃的烤箱中烘烤10分钟左右。

17. 稍微散热后从垫纸上剥下，继续冷却。

18. 将变软的黄油和糖粉混合到一起，加入杏仁酱，制作出杏仁馅。将做好的杏仁馅抹到白色马卡龙平的一面上，然后将两个马卡龙叠放到一起。在粉色的马卡龙上涂上覆盆子果酱，将两个马卡龙叠放到一起即可。

搅拌时要用橡胶铲将气泡全部按破（步骤10）。

星星饼干

Etoiles

“Etoiles”的意思是星星。这款像装饰品一样的饼干是法国阿尔萨斯地区庆祝圣诞节时不可或缺的点心。它的主要材料是杏仁粉，所以口感和味道都与马卡龙有点像。

材料（30个，每个外侧直径5cm）

蛋白	20 g
白砂糖	45 g
杏仁粉	100 g
肉桂粉	1/4小勺
丁香（粉）	1/4小勺
糖粉	适量

准备

- 将杏仁粉、肉桂粉和丁香粉混合到一起后过筛。
- 在烤盘中铺上烤箱专用垫纸。

烤箱温度	160℃
烘烤时间	20分钟

1. 将蛋白放入碗中，打发到能拉出坚挺尖角的状态。

2. 一次性加入所有白砂糖。

3. 用橡胶铲粗略拌一下，注意不要破坏打发的状态。

4. 从步骤3做好的蛋白糊中取出2大勺蛋糊（当涂层用）单独放置，然后将其放入冰箱中冷藏。

5. 将杏仁粉和其他香料粉一起加入，充分搅拌。

6. 用手将材料揉成一团后取出。

7. 放入保鲜袋中，用擀面杖略微擀开。

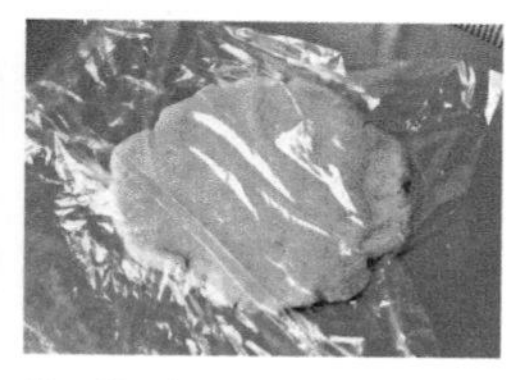

8. 放到阴凉处醒2小时左右，使面团稍微变干燥一些。

P

9. 用糖粉代替干面粉撒到面团上，然后用擀面杖将面团擀成厚3mm左右的片状。

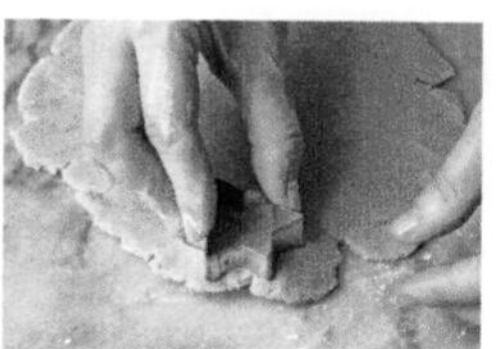

10. 用星星切模将面片切成星形面片。将切完后剩下的面片重新揉成一团，冷却后继续用星星切模切出星形成片。

11. 将星形面片放到铺有一层烤箱专用垫纸的烤盘中，然后在上面涂一层步骤4中留下的蛋糊。

12. 放入预热到160℃的烤箱中烘烤20分钟左右。

13. 烤好后放到冷却架上冷却即可。

P 制作面团的材料中没有干面粉，所以要用糖粉代替，以防止粘连（步骤9）。

双色手指饼干

Biscuits à la cuillère

一提到饼干就会让人联想到香脆的口感，不过这款双色手指饼干所用的面糊却非常柔软。以前的做法是用勺子直接挖出面糊做造型，现在则使用了裱花袋，操作更容易。

材料（22个，每个长5cm）

蛋白糖霜
- 蛋白 ---- 2个份
- 白砂糖 ---- 60 g

蛋黄 ---- 2个份
低筋面粉 ---- 60 g
色粉（红） ---- 适量
色粉（绿） ---- 适量
糖粉 ---- 适量

准备

- 将低筋面粉过筛。
- 将鸡蛋回温到室温。
- 在烤盘中铺上烤箱专用的垫纸。

烤箱温度 ······ 180℃
烘烤时间 ······ 8分钟~9分钟

1. 将蛋白放入碗中，用手持式搅拌机低速档轻微打发。

2. 将手持式搅拌机换成高速档，分 3~4 次加入白砂糖，边加边不停地用搅拌机打发。

3. 充分打发。

4. 加入蛋黄。

5. 用橡胶铲快速搅拌，使蛋黄与其他材料完全混合。

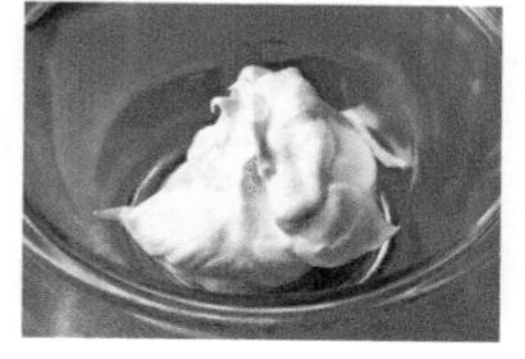

6. 分成2等份，其中1份放入另一个碗中。

7. 碗中再加入一半的低筋面粉，充分搅拌。

8. 加入用少量水溶解的绿色色粉，充分搅拌。

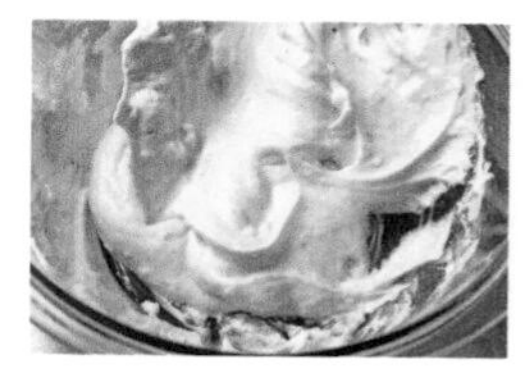

9. 搅拌均匀即成绿色的蛋白糖霜。

10. 将剩余的低筋面粉倒入另一个碗中，充分搅拌。

11. 加入用少量水溶解的红色色粉，充分搅拌。

12. 同样搅拌均匀，制作出红色的蛋白糖霜。

13. 将2种颜色的面糊倒在一起，用木铲稍微搅拌一下。

14. 将面糊放入装有直径 1cm 裱花头的裱花袋中。

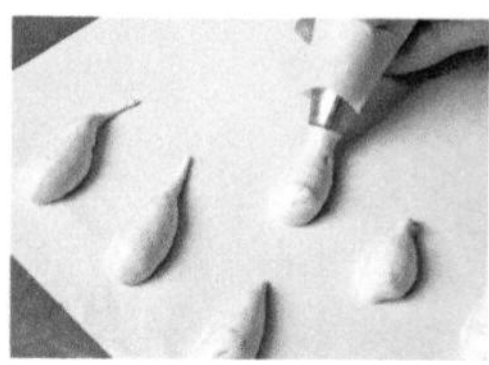

15. 在铺好专用垫纸的烤盘中挤出长 3cm 的水滴形面糊。

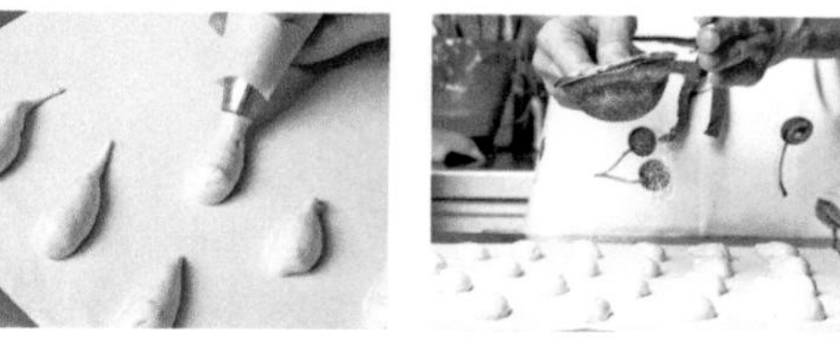

16. 全部挤好之后，在表面撒一层糖粉。

17. 抖掉多余的糖粉，将垫纸放到烤盘中，再将烤盘放入预热到180℃的烤箱中烘烤8分钟~9分钟即可。

亚眠马卡龙

Amiens

这款马卡龙是法国北部皮卡第地区亚眠市出品的著名点心。一般的马卡龙会加入蛋白、白砂糖和杏仁粉，亚眠马卡龙则会加入杏子果酱等材料。在我们的配方中，还试着加入了蜂蜜。

材料（约25个，每个直径约4cm）

杏仁粉	125 g
白砂糖	125 g
蛋黄	10 g
蛋白	20 g
蜂蜜	10 g
香草精	适量

准备

- **将鸡蛋回温到室温。**
- **在烤盘中铺上烤箱专用垫纸。**

烤箱温度	180℃
烘烤时间	10分钟~13分钟

1. 将杏仁粉和白砂糖一起放入碗中。

2. 用木铲在粉类中央整理出一个小坑。

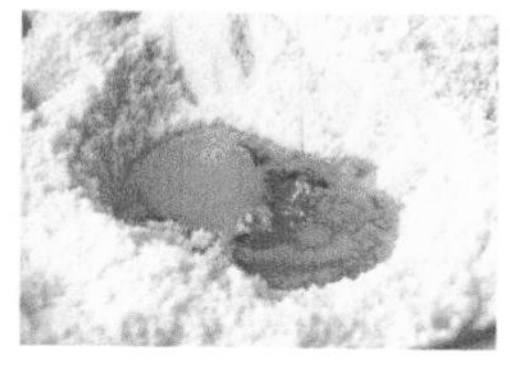

3. 将蛋黄、蛋白、蜂蜜和香草精倒入小坑中。

4. 用木铲将粉类推到中央，然后将所有材料混合均匀。

5. 当混合到一定程度之后，开始用手揉面团。即使所有材料都变潮湿了，也要继续揉，直到揉成一团为止。

6. 揉至看不见干面粉的状态后将面团取出，捏成稍微粗一些的棒状。

7. 将面团放到铺开的保鲜膜上。

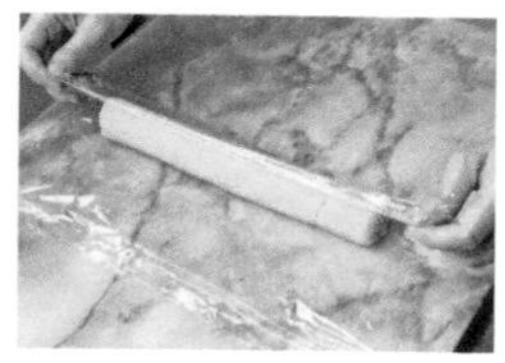

8. 一边用保鲜膜包住面团一边滚动，将面团滚成直径3cm的棒状。

9. 用保鲜膜包好后醒2小时以上。

10. 切成厚8mm的片状，放入预热到180℃的烤箱中烘烤10分钟~13分钟。

11. 烤好后放到冷却架上冷却。

(P) 捏成棒状时，注意面团中不能混入空气（步骤6）。

西班牙圣诞饼干

Polvorones

这款饼干拥有不可思议的口感，甜香酥软且入口即化，是有着“带来幸福的点心”之名的西班牙甜点。它的特点是使用炒过的小麦粉制作。另外，这款饼干要加入很多黄油，所以在切面团之前，一定要充分冷却。

材料（直径3cm的心形模具，约18个）

低筋面粉	50 g
黄油	40 g
糖粉	20 g
杏仁粉	25 g
肉桂粉	适量

准备

- 分别将低筋面粉、杏仁粉和糖粉过筛。
- 在烤盘中铺上烤箱专用垫纸。

烤箱温度 ………… 150℃
烘烤时间 ………… 20分钟

1. 将低筋面粉筛入平底锅中，将火开到小火至中火之间，一边观察面粉的状态一边翻炒。

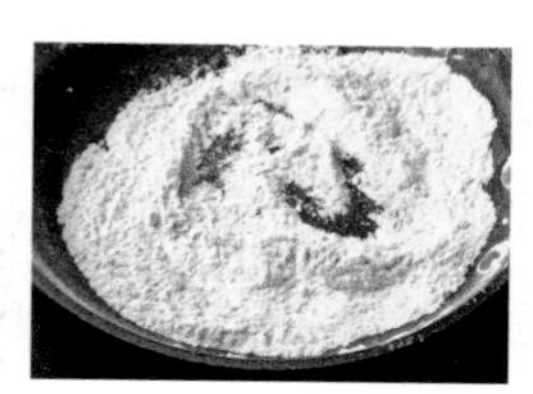

2. 耐心地翻炒5分钟~6分钟，直到炒成浅棕色为止（注意这个过程中要不断地翻动面粉），静置冷却。

3. 将黄油搅拌成发胶状，加入糖粉。

4. 加入杏仁粉，充分搅拌。

5. 加入步骤2中炒好的面粉加入，用木铲搅拌均匀。

6. 加入肉桂粉。

7. 将所有材料完全混合，将其放入保鲜袋，捏成一团后用擀面杖擀平。

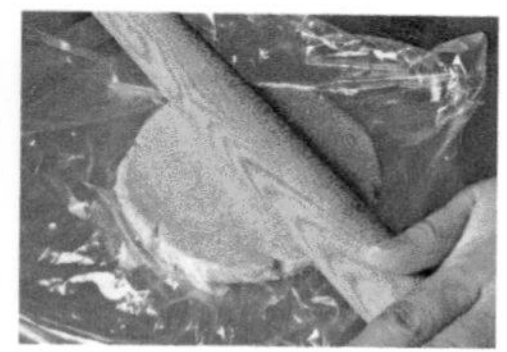

8. 擀成厚1cm的圆片，然后直接放入冰箱中醒20分钟左右。

9. 用心形切模将面片切成一个个心形。

10. 将切剩下的面团聚集到一起，重新擀成厚1cm的面片，继续用心形切模切出一个个心形。

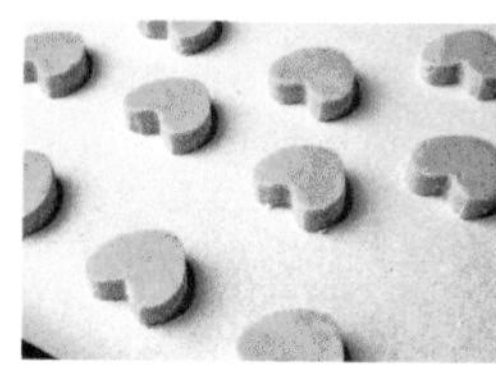

11. 将心形面片放到铺有一层烤箱专用垫纸的烤盘中，放入预热到150℃的烤箱中烘烤20分钟即可。

P 在炒之前一定要将低筋面粉过筛，否则在翻炒过程中容易结块（步骤1）。

PETIT-FOUR
Sec

巧克力豆饼干

Chocochips Cookies

应该没有人会讨厌这款加入了巧克力豆的饼干吧，它不但美味，制作方法也非常简单。比起高级巧克力，选用经过烘烤也不容易软化变形的巧克力豆效果会更好。

材料（约25个份，每份直径3cm）

材料	用量	材料	用量
黄油	60 g	低筋面粉	80 g
白砂糖	45 g	泡打粉	2 g
鸡蛋	25 g	巧克力豆	40 g
盐	1小撮	杏仁碎	15 g

准备

- **低筋面粉和泡打粉混合到一起后过筛。**
- **黄油和鸡蛋回温到室温。**
- **烤盘中铺上烤箱专用垫纸。**

烤箱温度	180℃
烘烤时间	15分钟

1. 将黄油放入碗中，用木铲充分搅拌，至呈发胶状。

2. 加入白砂糖，充分搅拌。

3. 分批少量地加入打散的鸡蛋，每次加入都要充分搅拌。

4. 不停地用木铲搅拌，直到所有材料都充分混合为止。加入1小撮盐，充分搅拌。

5. 将粉类筛入碗中，用橡胶铲搅拌均匀。

6. 加入巧克力豆和杏仁碎，用木铲充分搅拌。

7. 当所有材料都充分混合且看不到干面粉时就可以了。

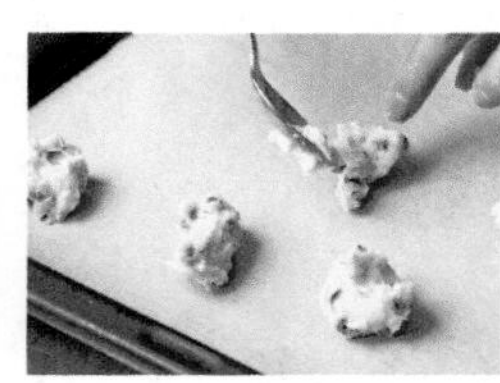

8. 用勺子将面糊放到铺有一层烤箱专用垫纸的烤盘中。

9. 用叉子的背面按压面糊，将其按平。

10. 放入预热到180℃的烤箱中烘烤15分钟左右，注意要一边烘烤一边观察状态，不要烤煳。

杏仁瓦脆薄片

Tuiles aux amandes

杏仁瓦脆薄片法语原名中的“Tuiles”有瓦片之意，制作时要弄成弯曲的形状，跟建筑用的瓦片很像。不过，用擀面杖弄出的弧度会显得比较僵硬，所以在制作过程中要利用打蛋器把手或烤盘的边缘造型。

材料（15片，每片直径4cm）

蛋白	45 g
白砂糖	50 g
低筋面粉	20 g
杏仁片	35 g
黄油	12 g

准备

- 将低筋面粉过筛。
- 在烤盘中铺上烤箱专用垫纸。
- 黄油在室温下静置化开成液体。

烤箱温度	160℃
烘烤时间	12分钟~14分钟

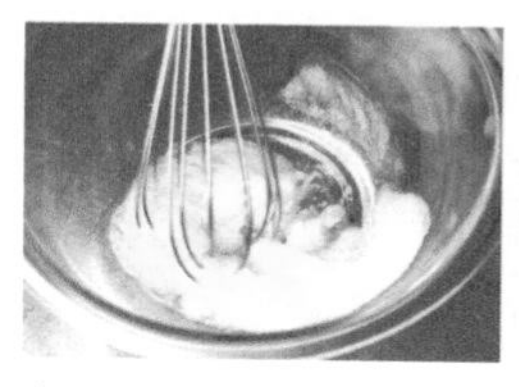

1．将白砂糖一次性全部倒入装有蛋白的碗中，用打蛋器充分搅拌。

2．加入低筋面粉，用打蛋器充分搅拌。

3．低筋面粉完全混合后的面糊的状态。

4．加入杏仁片，将打蛋器换成橡胶铲，充分搅拌。

5．当所有材料完全混合后，加入黄油液。

6．用橡胶铲轻轻搅拌，将黄油与其他材料混合均匀。

7．在阴凉处放置10分钟左右，使材料充分融合到一起。

8．取出1小勺面糊，放到烤箱专用垫纸上，然后用勺子的背部将面糊抹开成直径4cm左右的圆形。

9．放入预热到160℃的烤箱中烘烤12分钟~14分钟，注意要一边烘烤一边观察状态。

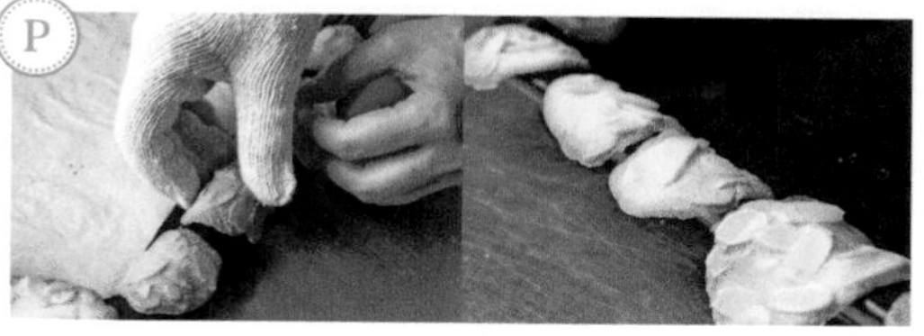

10．烤好后，趁热从垫纸上剥下来（手上要戴上手套操作，防止烫伤），然后将薄片放到打蛋器的把手或烤盘的边缘上，使其产生漂亮的弧度。

P 利用打蛋器把手或烤盘边缘使薄片变成弧形时，一定要趁热，凉了就定型了（步骤10）。

PETIT-FOUR Sec

环形油酥饼

Rousquilles

这款环形油酥饼是法国南部朗格多克的著名点心。朗格多克气候温和，盛产柑橘类水果，所以在点心中也经常使用橙子、柠檬等水果。这款油酥饼就是使用了柠檬，具有入口即化的酥软口感。

材料（20个~25个，每个为外径5cm的环形）

油酥饼面团

- 低筋面粉 150 g
- 泡打粉 1 g
- 黄油 42 g
- 糖粉 44 g
- 蛋黄 25 g
- 牛奶 15ml
- 香草精 少许
- 柠檬皮 1/4个

糖霜

- 糖粉 30 g
- 柠檬汁 1小勺

干面粉 适量

准备

- **将所有材料都放入冰箱中冷藏。**
- **在烤盘中铺上烤箱专用垫纸。**

烤箱温度	160℃
烘烤时间	15分钟~20分钟

1. 将低筋面粉、泡打粉一起放入食物料理机中，打开搅一会儿。

2. 加入黄油块，用食物料理机充分搅拌。

3. 搅拌成松散的颗粒状即可。

4. 加入糖粉，稍微搅拌一下，将柠檬片磨碎后放入食物料理机中。

5. 开动料理机进行搅拌，使柠檬的香味充分扩散开。

6. 加入蛋黄、牛奶和香草精后充分搅拌。

7. 稍微搅拌一下，使材料聚集成一团后取出。

8. 将面团放入保鲜袋中，用擀面杖擀平。

9. 放入冰箱中醒一下，最少醒1个小时，如果可以最好醒1晚上。

10. 将面团放到撒有一层干面粉的台面上，用擀面杖擀开。

11. 用直径5cm的圆形切模将擀好的面皮切成一个个圆形。

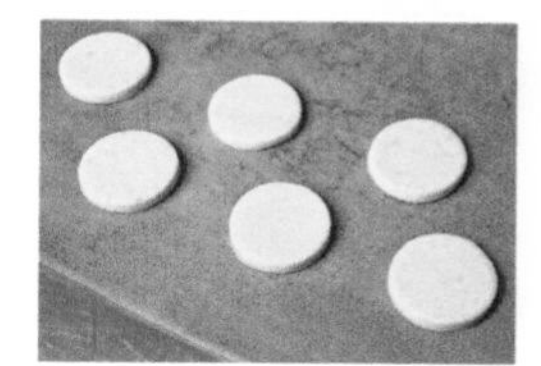

12. 将圆形面皮放到烤箱专用垫纸上。

13. 用直径 2.3cm 的圆形切模将面皮中间挖空。

14. 将制作好的环形面皮放到铺有一层烤箱专用垫纸的烤盘中。

15. 放入预热到 160℃的烤箱中烘烤 15 分钟 ~20 分钟，直到烤成浅浅的焦黄色为止。

16. 制作柠檬味的糖霜：用少许柠檬汁与糖粉混合，充分搅拌。

17. 搅拌到黏稠且易于涂抹的状态。

18. 趁热将步骤 17 中的糖霜涂到油酥饼表面，然后放到冷却架上待其变干。

黄油要事先切成比较合适的大小（步骤 2）。

PETIT-FOUR
Sec

黑糖核桃饼干

Sabl é s aux noix

这款黑糖核桃饼干中加入了很多切碎的核桃，而且烘烤出的口感也非常酥脆，是一款能够同时享受到焦香味道和独特口感的饼干。用黑糖代替白砂糖，使整体的味道更具层次感。

材料（30个个，每个直径2cm）

材料	用量
黄油	50 g
黑白砂糖	50 g
香草精	少许
核桃	50 g
低筋面粉	100 g
泡打粉	2 g
糖粉	适量

准备

- 将低筋面粉和泡打粉混合到一起后过筛。
- 使黄油回温到室温。
- 将核桃切成碎块。
- 在烤盘中铺上烤箱专用垫纸。

烤箱温度	170℃
烘烤时间	12分钟

1. 将黄油搅拌成柔软的状态。

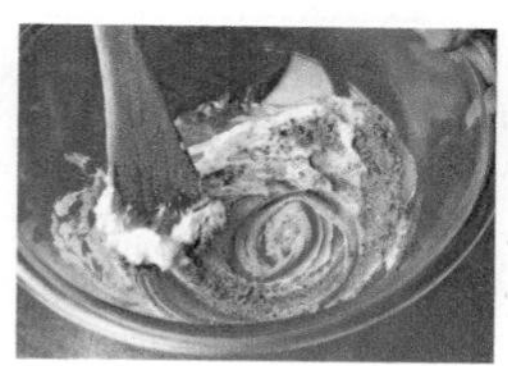

2. 待黄油变成发胶状之后，分数次加入黑白砂糖，每次加入后都要充分搅拌。

3. 一直搅拌到黑白砂糖与其他食材完全混合为止。

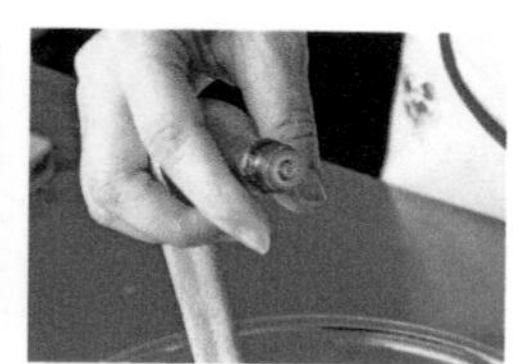

4. 加入香草精，充分搅拌。

5. 加入核桃，用橡胶铲充分搅拌。

6. 加入筛过的低筋面粉和泡打粉，充分搅拌。

7. 将搅拌好的面糊放到阴凉处醒15分钟~30分钟。

8. 取出1大勺左右的量，捏成圆球。

9. 将捏好的圆球放到铺有一层烤箱专用垫纸的烤盘中。

10. 放入预热到170℃的烤箱中烘烤12分钟左右。

11. 烤好后放到冷却架上冷却，最后撒上一层糖粉。

有些黑糖的颗粒比较粗，不过为了做出口感比较好的饼干，一定要搅拌均匀哦（步骤3）。

黑白砂糖贵妃之吻饼干

Baci de dama au sucre roux

这款被冠以“贵妃之吻”这样浪漫名字的饼干原本是意大利点心，不过在法国北部的咖啡馆也很常见。贵妃之吻一般是用白砂糖制作而成的，这次特意将白砂糖换成了黑白砂糖，让品尝者能够享受到天然的甜味。

材料（25个，每个直径2cm）

- 黄油 …… 90 g
- 黑白砂糖（粗粒）…… 60 g
- 杏仁粉 …… 60 g
- 盐 …… 1小撮
- 香草精 …… 少许
- 蛋白 …… 20 g
- 低筋面粉 …… 100 g
- 黑糖黄油酱
  - 黄油 …… 50 g
  - 黑白砂糖 …… 50 g

准备

- 使黄油和蛋白回温到室温。
- 将低筋面粉过筛。
- 在烤盘中铺上烤箱专用垫纸。

烤箱温度 …… 140℃
烘烤时间 …… **25分钟~30分钟**

1. 将黄油放入碗中，用木铲充分搅拌。

2. 加入黑白砂糖，充分搅拌。

3. 当黑白砂糖与黄油完全混合之后加入杏仁粉，充分搅拌。

4. 加入盐和香草精，充分搅拌。

5. 加入蛋白，继续搅拌。

6. 加入筛过的低筋面粉，换成橡胶铲充分搅拌。

7. 搅拌至看不见干面粉的程度即可。

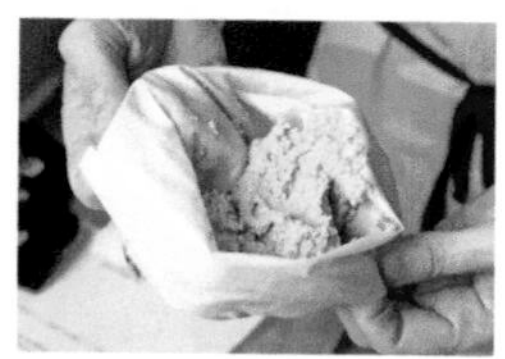

8. 将步骤7的面糊放入装有直径1cm圆形裱花头的裱花袋中。

9. 在铺有一层烤箱专用垫纸的烤盘上挤出直径为1cm~2cm的圆形面糊。

10. 放入预热到140℃的烤箱中烘烤30分钟左右，烤好后放到冷却架上冷却。

11. 制作黑糖黄油酱：将黄油放入碗中，用木铲充分搅拌，加入黑白砂糖。

12. 继续搅拌，一直搅拌到变成光滑柔顺的状态，即成黑糖黄油酱。

13. 将黑糖黄油酱抹到冷却的饼干上面。

14. 用另一块饼干将黑糖黄油酱夹在中间。

葡萄干沙布列

Sabl é s aux Raisins

葡萄干沙布列有很多种做法，下面将给大家介绍的是将面糊挤成可爱花形的沙布列。制作沙布列面糊时会放很多黄油，搅拌均匀后面糊会变得很柔软，所以非常适合用裱花袋造型。最后在表面刷一层蛋黄，会使烤出的成品拥有漂亮的色泽，看起来更加诱人。

材料（约20个，每个直径4cm）

黄油	55 g
糖粉	33 g
鸡蛋	12 g
蛋黄	5 g
低筋面粉	83 g
葡萄干（3种）	适量
蛋黄（刷面用）	适量

准备

- 使黄油和鸡蛋回温到室温。
- 烤盘中铺上烤箱专用垫纸。

烤箱温度	180℃
烘烤时间	15分钟

1. 将黄油放入碗中，用木铲搅拌成发胶状。

2. 分几次加入糖粉，每次加入后都要充分搅拌。

3. 将鸡蛋和蛋黄一起打散，分批少量地加入步骤2的材料中，每次加入都要充分搅拌。

4. 当鸡蛋变成容易粘连的乳化状态时就可以了。

5. 用面粉筛将低筋面粉筛入步骤4的材料中，粗略搅拌一下。

6. 换成橡胶铲，充分搅拌。

7. 搅拌至所有材料都混合成一个整体时即可。

8. 将面糊放入装有直径1cm星形裱花头的裱花袋中，挤出直径为2.5cm的圆形生坯。

P

9. 在生坯表面薄薄地刷一层蛋黄。

10. 在每个生坯中间都放上3颗葡萄干。

11. 放入预热到180℃的烤箱中烘烤15分钟左右。

12. 烤到稍微有些变色的状态时就烤好了。

P 刷上蛋黄之后，不但可以增加沙布列的光泽度，整体味道也会变得更加浓郁（步骤8）。

PETIT-FOUR Sec

沙夫豪森脆饼

Shaffhauserzungen

沙夫豪森脆饼是距离德国国境很近的瑞士沙夫豪森地区的传统点心。本来这款点心是用点缀了大量坚果的饼干夹住奶油糖霜的，这里将配方中的奶油糖霜换成巧克力，打造出一款新颖而时尚的小点心。

材料（约12组份，每份为2cm×6.5cm）

蛋白糖霜

材料	用量
蛋白	50 g
糖粉	60 g
低筋面粉	15 g
杏仁粉	50 g
可可粉	3 g
黄油	15 g
香草精	少许
杏仁碎	适量
巧克力	35 g

准备

- 切碎巧克力。
- 制作沙夫豪森脆饼的专用模具可以在市面上买到，但我们也可以在放蛋糕的硬纸板（厚2mm）上剪出4个与沙夫豪森脆饼形状相同的长条形（2cm×6.5cm、4个角为圆形的长方形）做模具（如右图A）。
- 在烤盘中铺上烤箱专用垫纸。
- 制作圆锥形纸袋（参照本书p.44）。

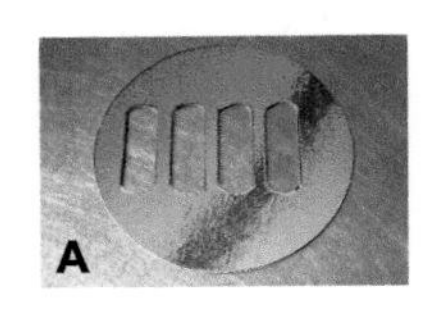

烤箱温度	180℃
烘烤时间	5分钟

1. 将蛋白放入碗中，用手持式搅拌机打发。

2. 将糖粉分3次加入，这个过程中要一直持续打发。

3. 将手持式搅拌机换成高速档，将蛋白充分打发。

4. 关上手持式搅拌机，查看蛋白糖霜的硬度。

5. 当蛋白糖霜被打发成搅拌痕迹不会消失的状态时就可以了。

6. 用面粉筛将低筋面粉、杏仁粉和可可粉筛入步骤5的材料中。

7. 为了防止留下结块的粉类，可以边用手搅动粉类边筛入碗中。

8. 用橡胶铲按照从下到上的方向进行翻动搅拌。

9. 黄油放入锅中，用隔水加热的方法将其软化，从火上拿下来，加入香草精，充分搅拌。

10. 趁热将步骤9的材料加入步骤8的材料中，用橡胶铲充分搅拌。

11. 搅拌至看不见干面粉且光滑细腻的状态即可。

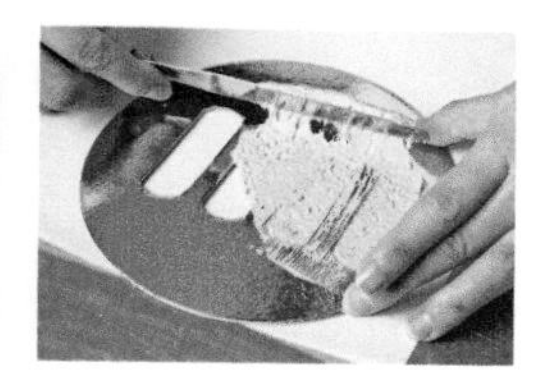

12. 将模具放在烤箱专用垫纸上，用抹刀将步骤 11 中的面糊抹到模具中。

13. 将模具迅速拿开，按照同样的方法制作出 24 个长条形的面糊。

14. 将杏仁碎撒到面糊上。

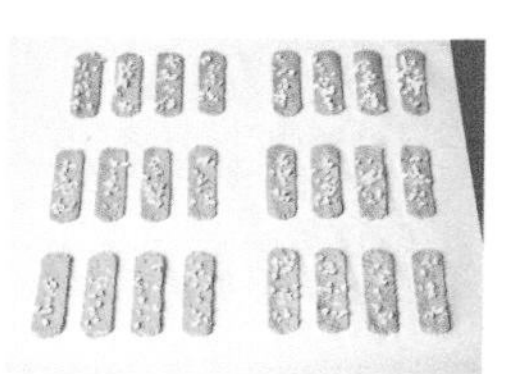

15. 放入预热到180℃的烤箱中烘烤5分钟左右，烤好后放到冷却架上冷却。

16. 用隔水加热的方法将巧克力化开。

17. 将巧克力放入圆锥形纸袋中，然后挤到一块饼干上。

18. 将另一块叠放到上面，做出巧克力夹心饼干。依次做完。

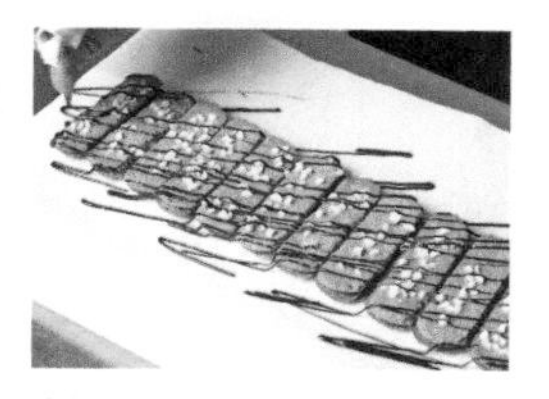

19. 将做好的夹心饼干放到烤箱专用垫纸上，上面挤上巧克力线条作为装饰即可。

这款饼干要在制作蛋白糖霜时加入糖粉。糖粉中含有玉米淀粉，会使饼干的口感变得更加香脆（步骤 2）。

PETIT-FOUR

Demi-Sec, Frais

湿点心
鲜点心

“Demi-Sec”是指半生的湿点心。与干点心相反，湿点心口感温润优雅，给人很精致的感觉。为了打造出湿润松软的口感，要加入大量的黄油等油脂。贝壳蛋糕和费南雪就是典型的湿点心。制作贝壳蛋糕和费南雪时，要在中途加入大量化开的黄油，然后将黏稠的面糊放入模具中进行烘烤。

“Frais”的原意是指新鲜的、生的东西，在烘焙中则代表使用了新鲜水果和鲜奶油的点心。这些点心因为使用了新鲜的材料，所以保存时间比较短，适合在聚会等人比较多的时候拿来招待客人。

迷你贝壳蛋糕

Mini Madeleine

据说，贝壳蛋糕是在18世纪由侍奉法国洛林公国的公爵——斯坦尼斯拉斯·莱什琴斯基的女佣发明出来的，所以也被冠以女佣的名字——“玛德琳”。之后，这款蛋糕在公爵女儿所嫁的路易十五的宫廷中似乎也颇受欢迎。

材料（长4.3cm的迷你贝壳蛋糕模具，15个份）

黄油	35 g
蜂蜜	4 g
鸡蛋	40 g
白砂糖	35 g
低筋面粉	35 g
泡打粉	1 g
香草精	少许

准备

- 将低筋面粉和泡打粉混合到一起后过筛。

烤箱温度	180℃
烘烤时间	10分钟

1. 将黄油和蜂蜜放入小锅中，开火加热，待其全部化成液体，放到一旁冷却。

2. 将鸡蛋打散在碗中，加入白砂糖。

3. 用打蛋器充分搅拌，加入香草精。

4. 将筛过的低筋面粉和泡打粉一起加入步骤3的材料中。

5. 用打蛋器充分搅拌，一直搅拌到看不见干粉为止。

6. 将步骤1中的材料分批少量地加入步骤5的材料中，每次加入都要充分搅拌。

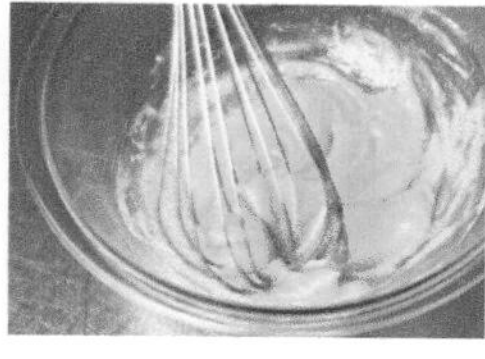

7. 当所有材料都混合均匀后，放入冰箱醒2个小时以上。

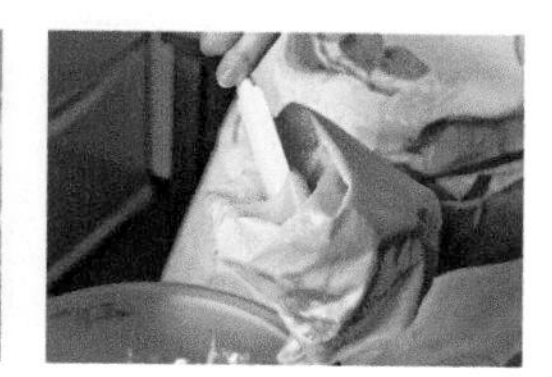

8. 将面糊放入装有直径1cm圆形裱花头的裱花袋中。

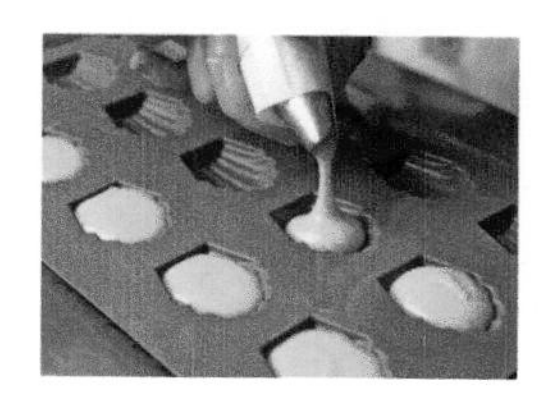

9. 将面糊挤入模具中（差不多挤到九分满的位置即可），放入预热到180℃的烤箱中烘烤10分钟。

翻转菠萝挞

Ananas Renversé

制作翻转菠萝挞的要点是使焦糖充分渗入菠萝中，然后将面糊倒在上面进行烘烤。弹性十足的湿润黄油挞皮和酸甜可口的菠萝是绝配。制作时使用了小模具，所以要将菠萝切碎后均匀地撒入其中。

材料（直径4cm、深2cm的圆形，15个份）

蛋白糖霜
- 蛋白 …… 1个份（30g）
- 白砂糖 …… 40 g

蛋黄 …… 1个份
低筋面粉 …… 40 g
黄油 …… 30 g
樱桃利口酒 …… 1/2大勺
菠萝 …… 适量

焦糖
- 白砂糖 …… 60 g
- 水 …… 20ml

准备
- 用微波炉或隔水加热的方法将黄油化成液体。
- 使鸡蛋回温到室温。

烤箱温度	180℃
烘烤时间	12分钟

1. 将白砂糖和1/3的水（20ml的1/3）倒入小锅中。

2. 开火加热，锅中液体的颜色会慢慢产生变化。

3. 当液体变成焦黄色时加入1小勺热水。加水时液体可能会飞溅出来，注意不要烫伤。

4. 摇动小锅，使焦糖的颜色变均匀。

5. 将焦糖倒入硅胶模具中，然后放到一边冷却。

6. 将菠萝切成厚约2mm的小扇形块。

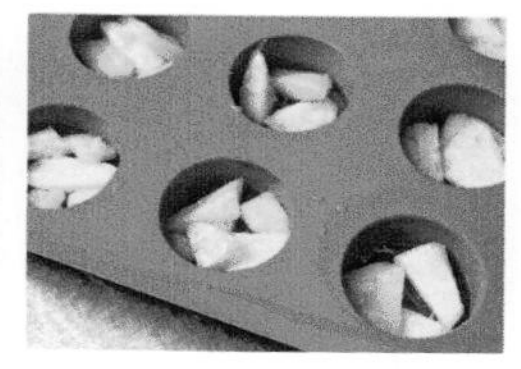

7. 将菠萝块均匀地撒到装有焦糖的模具中。

8. 将蛋白倒入碗中，用手持式搅拌机打散。

9. 当蛋白变成轻微打发的状态时，分批少量地加入白砂糖，这个过程中要一直持续搅拌。

10. 继续搅拌，一直搅拌到白砂糖充分溶解且蛋白充分打发的状态。

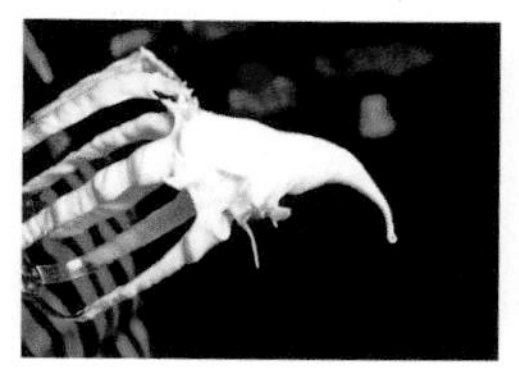

11. 当拿起搅拌头时，蛋白糖霜的尖端稍微变弯即可。

12. 加入蛋黄，用橡胶铲顺着从下到上的方向轻轻地翻动搅拌。

13. 用面粉筛将低筋面粉筛入碗中，充分搅拌。再加入樱桃利口酒，充分搅拌。

14. 加入黄油液，充分搅拌。

15. 当搅拌到所有材料充分混合且看不见干面粉的状态，放入装有直径1.5cm圆形裱花头的裱花袋中。

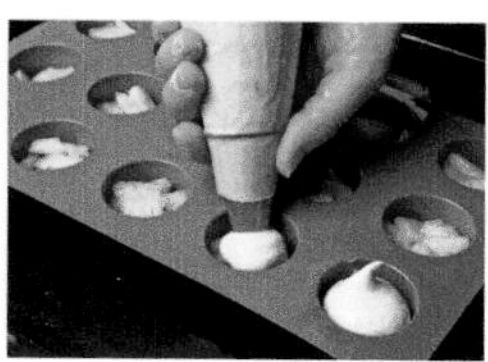

16. 挤入模具中至九分满，将模具放入预热到180℃的烤箱中烘烤12分钟左右。稍微冷却后，从模具中取出。

柚子味迷你达垮司

Mini Dacquoise aux Yuzus

达垮司是法国西南部的达克斯小镇的名点。它原本是直径25cm左右的圆形点心，传入日本后变成了椭圆形。这次为大家介绍如今在法国也很受欢迎的柚子味达垮司。

材料（12组份，每份直径5cm）

蛋白糖霜
- 蛋白 60 g
- 白砂糖 20 g

杏仁粉 36 g
糖粉 30 g
低筋面粉 5 g
奶油糖霜
- 黄油 40 g
- 糖粉 4 g

糖粉 适量
糖渍柚子 适量

准备

- **将杏仁粉、糖粉和低筋面粉混合到一起后过筛。**
- **使黄油回温到室温。**
- **将糖渍柚子切碎。**
- **在烤盘中铺上烤箱专用垫纸。**

1. 将蛋白放入碗中，用手持式搅拌机轻微打发。

2. 分3次加入白砂糖，这个过程中要一直持续打发。

3. 打发到能够拉起尖角的状态即可。

4. 加入提前筛好的粉类，用橡胶铲慢慢搅拌。

5. 为了不破坏打发的状态，要用橡胶铲按照从下到上的方向进行翻动搅拌。

6. 要搅拌成如图一样细腻松软的状态。

7. 将搅拌好的面糊放入装有直径1cm圆形裱花头的裱花袋中。

8. 在烤箱专用垫纸上挤出直径3cm的螺旋状圆形面糊。

9. 将糖粉撒到面糊上，过3分钟后再撒一次。

10. 将多余的糖粉抖掉，放入预热到200℃的烤箱中烘烤8分钟左右。

11. 取出烤好的小圆饼，放到冷却架上冷却。

12. 制作奶油糖霜：将软化的黄油搅拌成较软的状态，加入糖粉，充分搅拌。

13. 在小圆饼背面涂上奶油糖霜，然后将切碎的糖渍柚子放在中央。

14. 将另一块小圆饼叠放在上面即可。

P 为了不破坏打发的状态，这一步要用比较薄的橡胶铲进行搅拌（步骤6）。

PETIT-FOUR
Demi-Sec
GARNIER

腰果蔓越莓费南雪

Financiers aux Noix de Cajou et aux Fruits Rouges

费南雪的英文“financier”有金融家、有钱人的意思。也许就是因为这个，它的形状才比较像钞票捆吧。表面点缀着酸甜可口的蔓越莓和腰果，食用时有美好的嚼劲和富有变化的味道。制作焦化黄油时，要充分搅拌，打造出均匀漂亮的焦糖色。

材料（5cm×2.5cm×8mm的费南雪模具，20个份）

材料	用量
黄油	50 g
蜂蜜	10 g
蛋白	70 g
白砂糖	65 g
低筋面粉	30 g
泡打粉	1 g
杏仁粉	30 g
香草精	少许
腰果	适量
蔓越莓	适量

准备

- **将杏仁粉、低筋面粉和泡打粉混合到一起后过筛。**
- **使黄油和鸡蛋回温到室温。**

1. 将黄油放入小锅中，开火加热，不时晃动小锅，制作出焦化黄油。关火后余热可以使黄油继续焦化，所以加热时要注意控制火候。

2. 当黄油焦化到一定程度后加入蜂蜜，搅拌均匀。

3. 将蛋白和白砂糖放入碗中，用打蛋器稍微搅拌一下。

4. 加入筛过的粉类，充分搅拌，再加入香草精，继续搅拌。

5. 加入稍微冷却的焦化黄油，慢慢搅拌。

6. 搅拌成细腻光滑的状态。

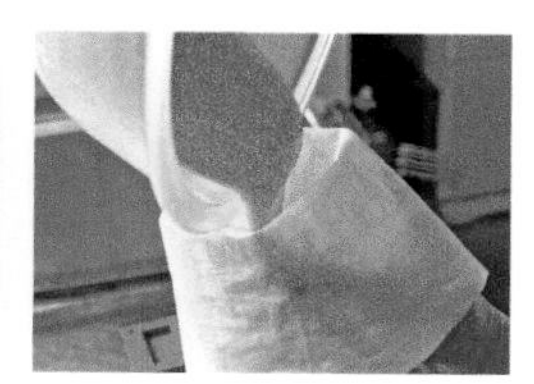

7. 将面糊放入装有直径1cm圆形裱花头的裱花袋中。

8. 将面糊挤入模具中。

9. 在表面撒上切好的腰果和蔓越莓。

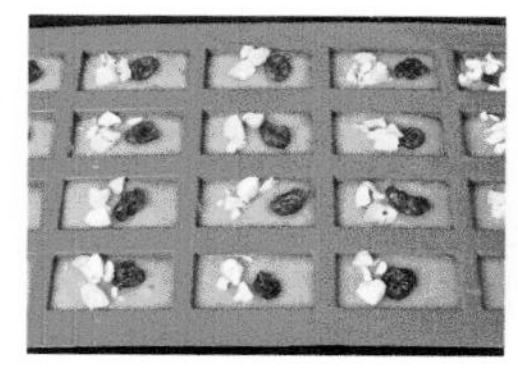

10. 放入预热到180℃的烤箱中烘烤10分钟左右。

11. 烤好后稍微散热，然后从模具中取出。

法式棉花糖

Guimauves

英文“Marsh Mallow（棉花糖）”本来是指一种名叫“药蜀葵”的锦葵科植物。药蜀葵有治疗喉咙和胃部发炎的功效，过去人们经常将药蜀葵中提取出的精华和蜂蜜混合后当作药物使用。这款棉花糖就是利用药蜀葵的黏性制作出的甜点。

材料（20个）

蛋白糖霜蛋糊

白砂糖	100 g
水饴	13 g
水	30ml
蛋白	50 g
香草豆	2/3根
吉利丁	10 g
玉米淀粉	适量

准备

- 用50ml的水将吉利丁泡发（A）。
- 在蛋盒中撒上一层玉米淀粉（B）。
- 切开香草豆的豆荚，将里面的豆拨出来（C）。

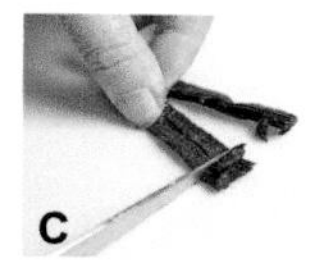

1. 将白砂糖、水饴和水放入小锅中，开火加热。

2. 一边加热一边用温度计测量，一直加热到117℃为止，制成果子露。

3. 在制作果子露的过程中，当达到100℃时，将蛋白放入碗中开始打发。

4. 当蛋白打发到一定程度时，将已经加热到117℃的果子露滴入碗中。

5. 继续搅拌，直到充分打发。

6. 加入香草豆和吉利丁。

7. 持续搅拌，一直到恢复到室温为止。

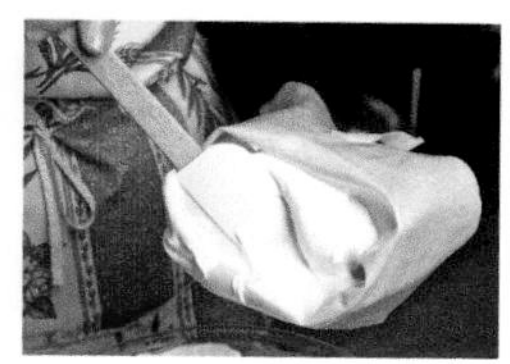

8. 将步骤7中的材料放入装有直径1cm圆形裱花头的裱花袋中。

9. 将步骤8中的材料挤到撒了一层玉米淀粉的蛋盒中。

10. 在表面再撒上一层玉米淀粉，放到阴凉处待其固化。

核桃巧克力蛋糕

Noix et Chocolat

说起法国的核桃产地，比较有名的就属格勒诺布尔和佩理戈尔了。如果你到这两个地区去，就会发现很多甜品店里都摆放着核桃和巧克力搭配起来的点心。下面我将介绍的这款核桃巧克力蛋糕就是以这些点心为蓝本制作出来的。

材料（直径3.5cm、深1.8cm的半圆球形模具，24个份）

巧克力	45 g
黄油	45 g
白砂糖	46 g
鸡蛋	3/2个
低筋面粉	45 g
核桃	37 g

准备

- 将低筋面粉过筛。
- 使黄油回温到室温。
- 将巧克力切碎。
- 将鸡蛋回温至室温，然后分离蛋黄和蛋白。
- 将核桃切成较粗的碎块。

烤箱温度	180℃
烘烤时间	13分钟

1. 将巧克力和黄油放入碗中，用隔水加热的方法使其化开。

2. 加入16g白砂糖，用橡胶铲充分搅拌。

3. 将碗从火上拿下来，加入蛋黄，充分搅拌。

4. 用打蛋器轻轻地拌匀。

5. 将蛋白放入另一个碗中，用手持式搅拌机轻微打发。

6. 将剩下的白砂糖（30g）分数次加入碗中，这个过程中要持续打发。

7. 将筛过的低筋面粉加入步骤4的材料中。

8. 用橡胶铲充分搅拌。

9. 留下少量核桃碎装饰蛋糕表面用，剩余的都加入步骤8的材料中。

10. 将打发好的蛋白加入步骤9的材料中，轻轻地搅拌均匀。注意，刚开始不要一次性全部加入，要先加入少量蛋白，然后充分搅拌。

11. 将剩下的蛋白加入，充分搅拌。

12. 将面糊放入装有直径1.5cm圆形裱花头的裱花袋中，然后挤到模具中，差不多挤到九分满的位置即可。

13. 将剩下的核桃碎放到面糊中央。

14. 放入预热到180℃的烤箱中烘烤13分钟左右，要边烤边观察状态。

15. 烤好后从模具中取出即可。

P 核桃碎要切得稍微大一些，这样才能感受到核桃的口感（步骤9）。

鲜草莓蛋糕

Cake Frais

这是一款加入了新鲜水果的蛋糕。配方十分简单，只要有模具就能做出来，还能自由更换水果的种类，是能够让人充分感受到季节感的小甜点。制作时使用的半圆球形模具很可爱，与颜色鲜艳的草莓配合得天衣无缝。

材料（直径3.5cm、深1.8cm的半圆球形模具，24个份）

黄油 ······ 60 g
糖粉 ······ 60 g
鸡蛋 ······ 38 g
低筋面粉 ······ 60 g
任意水果（这里用的是草莓）－ 适量

准备

- **使黄油和鸡蛋回温到室温。**

烤箱温度	180℃
烘烤时间	20分钟

1. 将黄油放入碗中，用木铲搅拌成发胶状。

2. 加入糖粉，充分搅拌。

3. 分批少量地加入鸡蛋液。

4. 每次加入鸡蛋液后都要充分搅拌。

5. 用面粉筛将低筋面粉筛入碗中，用木铲充分搅拌。

6. 面糊搅拌好的状态。

7. 将面糊放入装有直径1.5cm圆形裱花头的裱花袋中。

8. 将面糊挤到模具中，挤至九分满的位置即可。

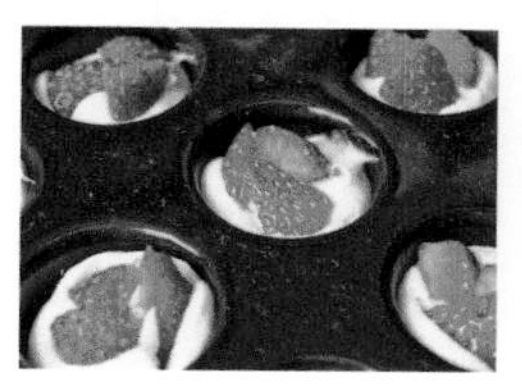

9. 将切成适当大小的草莓放到面糊中央。

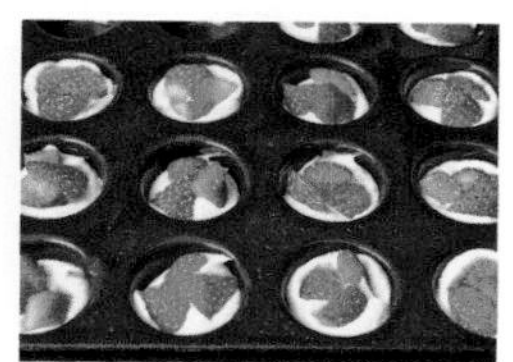

10. 放入预热到180℃的烤箱中烘烤20分钟左右。烤好后稍微散热，从模具中取出。

P 制作面糊的重点是加入鸡蛋的方法，窍门是分批少量地加入，使其边乳化边和其他材料混合（步骤3-4）。

PETIT-FOUR
Demi-Sec
GARNIER T

松软巧克力蛋糕

Moelleux au Chocolat

“moelleux”是柔软的意思。这款蛋糕使用了大量的巧克力，食用时简直就像是在吃柔软的纯巧克力一样。制作面糊时，一定要趁巧克力还热的时候搅拌均匀。巧克力变凉之后搅拌出的面糊会比较硬，即使烤出来也不会好吃。

材料（直径3.5cm、深1.8cm的半圆球形模具，24个份）

巧克力（可可含量66%）	80 g
黄油	65 g
白砂糖	55 g
鸡蛋	2个
盐	1小撮
低筋面粉	1大勺
糖粉	适量

准备

- **将巧克力切碎。**
- **使黄油和鸡蛋回温到室温。**
- **在烤盘中铺上烤箱专用垫纸。**
- **提前烧开一锅水，为隔水加热做准备。**

烤箱温度	200℃
烘烤时间	10分钟

1. 将切碎的巧克力和黄油放入碗中，用隔水加热的方法化成液体。

2. 隔水加热时，要不停地用橡胶铲搅拌，使其乳化，直到变成细腻黏稠的状态为止。

3. 将碗从热水中拿出来，加入白砂糖。

4. 用打蛋器充分搅拌，直到白砂糖完全溶解为止。

5. 将2个鸡蛋分批加入，每次加入都要充分搅拌。

6. 用面粉筛将盐和低筋面粉筛入碗中，用打蛋器充分搅拌。

7. 搅拌成均匀的面糊状态。

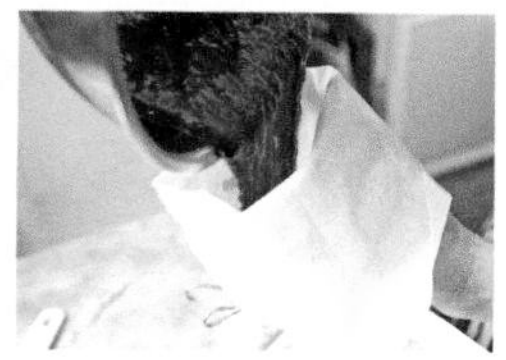

8. 将面糊放入装有直径1.5cm圆形裱花头的裱花袋中。

9. 将面糊挤入模具中，至模具九分满的位置即可。

10. 放入预热到200℃的烤箱中烘烤10分钟左右。

11. 烤到膨胀起来的状态后从烤箱中取出，待其冷却后撒上一层糖粉装饰即可。

PETIT-FOUR

Demi-Sec

凯尔西蛋糕

Quercy

凯尔西是法国西南部有着很长的核桃栽培历史的地区。下面将给大家介绍的这款凯尔西蛋糕是我用一位凯尔西地区阿姨教我的核桃磅蛋糕改造而成的迷你版核桃蛋糕。虽然加入了很多核桃，但口感仍然很清爽，这一点让我觉得很满意。

材料（直径3.5cm、深1.8cm的半圆球形模具，20个份）

材料	用量
黄油	35 g
白砂糖	35 g
蛋黄	40g（2个）
低筋面粉	25 g
肉桂	少许
核桃（切碎）	70 g
蛋白糖霜	
蛋白	60 g（2个份）
白砂糖	20 g
装饰用的核桃	20 g

准备

- 使黄油回温到室温。
- 将准备放入面糊中的核桃切碎。

烤箱温度 …… 180℃

烘烤时间 …… 18分钟~20分钟

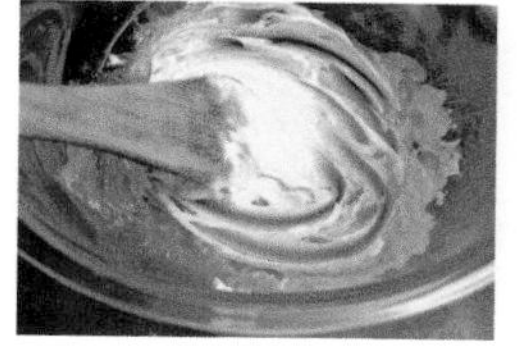

1. 将黄油放入碗中，用木铲搅拌成比较软的状态。

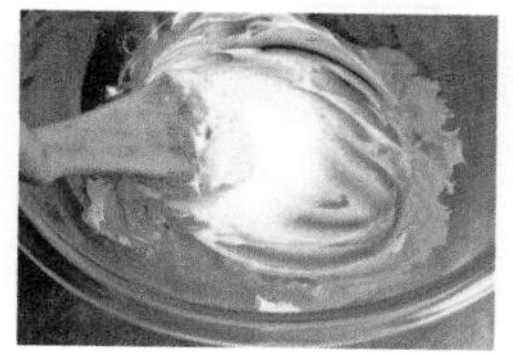

2. 加入白砂糖，充分搅拌。

3. 将白砂糖分数次加入，每次加入后都要充分搅拌。

4. 加入1个蛋黄，充分搅拌。

5. 加入第2个蛋黄，继续搅拌。

6. 用面粉筛将低筋面粉筛入，换成橡胶铲搅拌。

7. 加入肉桂，充分搅拌。

8. 加入切碎的核桃，充分搅拌。

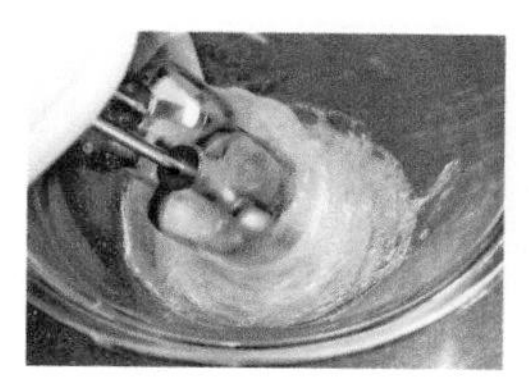

9. 制作蛋白糖霜：将蛋白放入碗中，用手持式搅拌机开始搅拌。

10.分 3 次加入白砂糖。

11.将手持式搅拌机调成高速档，充分打发。

12.将步骤11做好的蛋白糖霜加入步骤8的材料中，充分搅拌。

13.搅拌至所有材料都混合均匀、面糊变成细腻松软的状态时就可以了。

14.用勺子将面糊放入模具中，差不多放到模具九分满的位置即可。

15.在每份面糊上都撒上几块切好的核桃碎。

16.放入预热到 180℃的烤箱中烘烤 18 分钟 ~20 分钟。

17.烤好后将蛋糕从模具中取出，放到一边冷却。

香蕉老虎蛋糕

Tigrés aux bananes

“Tigrés”在法语中是老虎的意思。也许是因为巧克力和蛋糕的颜色对比很像老虎的斑纹，所以得名老虎蛋糕吧。我将这款法式经典点心进行了些许改造，在面糊中加入了捣碎的香蕉，然后将尺寸改成了迷你大小。做完之后要将其放到阴凉处，使挤在上面的甘纳许充分凝固。

材料（直径4.5cm、深1cm的萨瓦兰模具，25个份）

材料	用量
黄油	55 g
蛋白	55 g
盐	少许
白砂糖	25 g
糖粉	30 g
水饴	10 g
香蕉	30 g
低筋面粉	25 g
杏仁粉	27 g

甘纳许

材料	用量
鲜奶油	15 g
巧克力	15 g

准备

- 将制作甘纳许用的巧克力切碎。
- 制作圆锥形纸袋（参照本书p.44）。

①烤箱温度 230℃
烘烤时间 4分钟
②烤箱温度 200℃
烘烤时间 10分钟

1. 制作焦化黄油。将黄油放入锅中，开火加热。等黄油变色后开始搅拌，加热成淡棕色后将锅从火上拿下来。

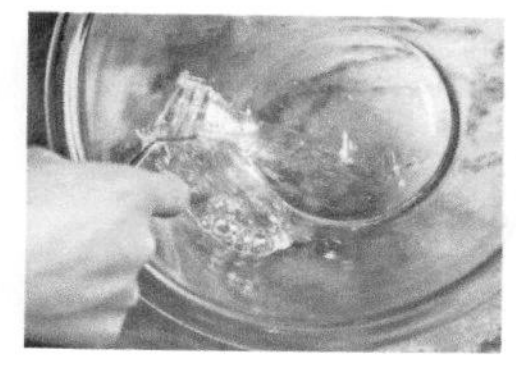

2. 将蛋白放入碗中，用叉子稍微打散。

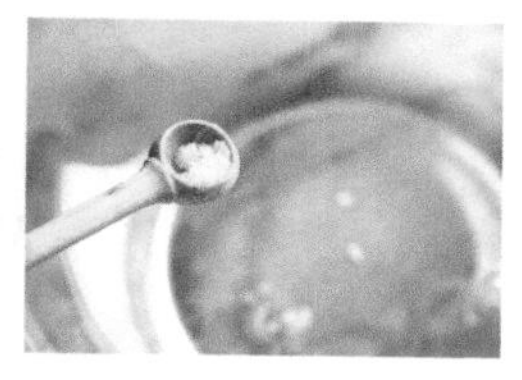

3. 加入盐，充分搅拌。因为只是想搅拌均匀而不打算打发，所以要用叉子来操作。

4. 加入白砂糖和糖粉，充分搅拌。

5. 加入水饴，充分搅拌，一直搅拌到稍微有些发白的状态为止。

6. 将香蕉用叉子碾碎后加入，充分搅拌。

7. 用面粉筛将低筋面粉和杏仁粉一起筛入碗中。

8. 用橡胶铲充分搅拌，使所有材料混合均匀。

9. 趁着步骤1的焦化黄油还热的时候，将其分批少量地倒入步骤8的材料中，倒的时候要采用像拉出丝线一样的手法。

10. 用橡胶铲搅拌均匀，在常温下醒 10 分钟左右。

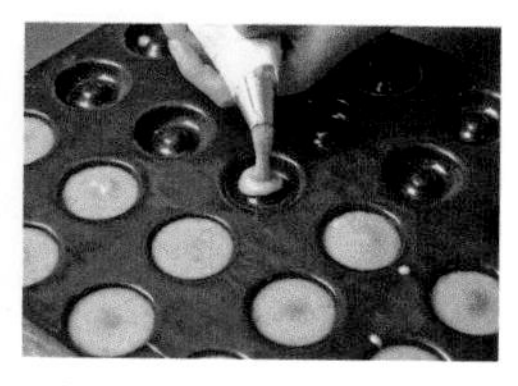

11. 将面糊放入装有直径1cm圆形裱花头的裱花袋中，然后挤到萨瓦兰模具中。

12. 放入预热到230℃的烤箱中烘烤4分钟左右，然后将烤箱调成200℃，再烘烤10分钟左右。烤好后稍微散热，从模具中取出。

13. 取出后放到冷却架上冷却。

14. 制作甘纳许。将15g的鲜奶油在微波炉中加热30秒左右，然后将其倒入装有巧克力的碗中。

15. 稍微放置一段时间，当巧克力的内部都变热时，用打蛋器轻轻搅拌。

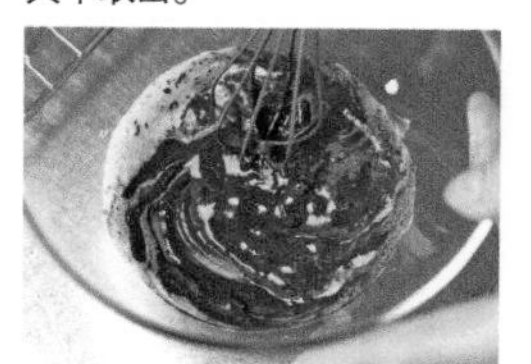

16. 甘纳许做好了。

17. 制作圆锥形纸袋，将甘纳许放入纸袋中，然后剪开纸袋的尖端。

18. 将步骤17的甘纳许挤到步骤13烤好的点心中央的小坑中。

金雀花酥饼

Plantagenets

这款金雀花酥饼带着杏仁味的蛋糕打造出优雅的口感，是我在法国卢瓦尔地区安茹小镇的甜品店中发现的点心，我将其改造成了迷你版。“Plantagenets”指的是统治安茹地区的安茹家族的家徽，也就是“金雀花”。

材料（直径3.5cm、深1.8cm的半圆球形模具，15个份）

杏仁派皮（杏仁膏）	80 g
鸡蛋	1个
低筋面粉	12 g
黄油	25 g
君度利口酒	1/2小勺（2g）
醉樱桃	8个
淋面糖浆	适量

准备

- 用隔水加热的方法将黄油化开成液体。
- 使鸡蛋回温到室温。

烤箱温度	180℃
烘烤时间	18分钟

1. 将鸡蛋和切成小块的杏仁膏放入碗中。

2. 用手充分搅拌，至鸡蛋被完全打散、杏仁膏全部被碾碎为止。

3. 杏仁膏全部被碾碎后的状态。

4. 当所有材料都混合均匀后，用打蛋器稍微打发。

5. 用面粉筛将低筋面粉筛入碗中。

6. 用打蛋器充分搅拌，直到面粉与其他材料混合均匀为止。

7. 加入提前化好的黄油，充分搅拌。

8. 加入君度利口酒，充分搅拌。

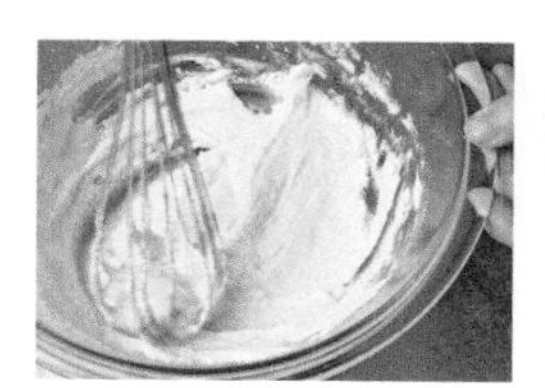

9. 一直搅拌到看不见干面粉的状态。

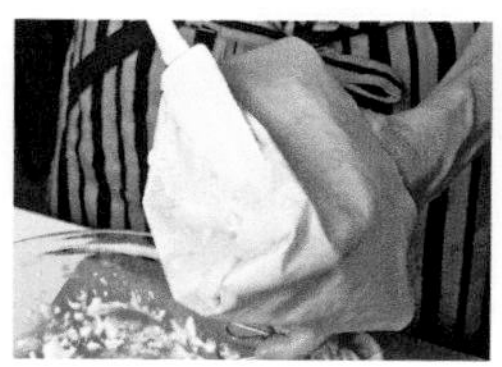

10. 将面糊放入装有直径1.5cm圆形裱花头的裱花袋中。烤箱设置180℃预热。

11. 将面糊挤入模具中，差不多九分满即可。

12. 将从中间对半切开的醉樱桃放到面糊中央，放入预热好的烤箱中层。

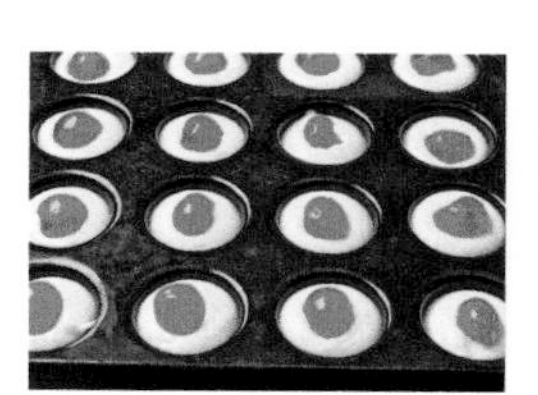

13. 边观察状态边烘烤18分钟左右。

14. 取出冷却，在表面涂一层淋面糖浆。

迷你乳酪蛋糕

Fromage

这款小点心是用我的料理教室中大受欢迎的乳酪蛋糕换成迷你尺寸后制作而成的。用低温烘烤完毕后，要直接在烤箱中放置一段时间，这样蛋糕的中心就会变成半生的状态，口感很像奶油。如果你喜欢酸味，可以在面糊中加些柠檬汁。

材料（直径4cm、深2cm的圆形模具，15个份）

黄油	18 g
奶油奶酪	150 g
酸奶油	70 g
白砂糖	40 g
鸡蛋	37 g
玉米淀粉	5 g

准备

• 使鸡蛋、黄油和奶油奶酪回温到室温。

烤箱温度	170℃
烘烤时间	10分钟

1. 将黄油放入碗中，用木铲搅拌成较软的状态。

2. 加入奶油奶酪，用木铲充分搅拌。

3. 加入酸奶油，充分搅拌。

4. 将白砂糖分数次加入，每次加入后都要充分搅拌。

5. 当白砂糖与其他材料完全混合之后，面糊就会变成细腻黏稠的状态。

6. 分批少量地加入鸡蛋，每次加入后都要充分搅拌。

7. 加入玉米淀粉，充分搅拌。

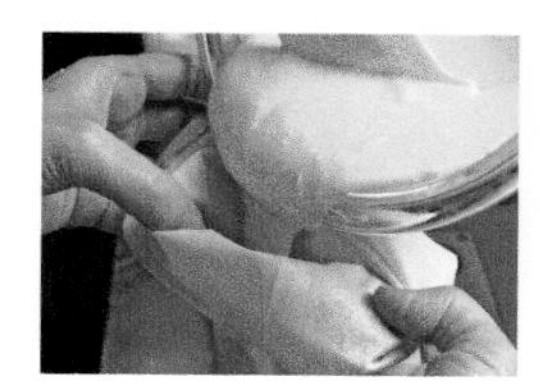

8. 将面糊放入装有直径1cm圆形裱花头的裱花袋中。

9. 将面糊挤入模具中，差不多九分满即可。

10. 放入预热到170℃的烤箱中烘烤10分钟。烤好后关掉烤箱，30分钟后再取出。

PETIT-FOUR Frais

巧克力小挞

Mini Tarte au Chocolat

在制作这款一口大小的迷你小挞时，我特意突出巧克力的香味，打造出了很有冲击力的浓厚口感。如果选用可可含量60%以上的巧克力，整体的风味会显得更加成熟而优雅。处理巧克力时，最关键的就是控制好温度。温度达到50℃以上，巧克力的质感就会产生变化，这点一定要多加注意。

材料（直径4.5cm的小挞模具，10个份）

巧克力挞皮 （使用做好的1/2份）

材料	用量
低筋面粉	100 g
糖粉	35 g
杏仁粉	12 g
可可粉	10 g
盐	1小撮
黄油	60 g
鸡蛋	25 g

甘纳许

材料	用量
切碎的巧克力	150 g
鲜奶油	75ml
黄油	15 g
切碎的核桃	适量
糖渍紫罗兰	适量
金箔	适量
干面粉	适量

准备

- 将黄油切成小块后放入冰箱冷藏。
- 使制作甘纳许的黄油回温到室温。

烤箱温度 180℃
烘烤时间 13分钟

1. 将低筋面粉、糖粉、杏仁粉和可可粉放入食物料理机中，充分搅拌。

2. 加入盐和黄油，继续搅拌，直到变成松散的颗粒状为止。

3. 加入鸡蛋，充分搅拌。

4. 当所有材料聚成一块时，将面团取出。

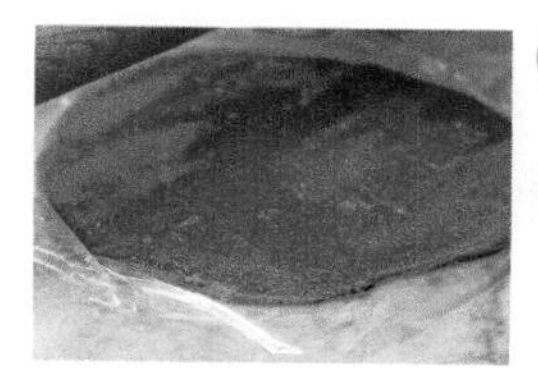

5. 将面团放入保鲜袋中，用擀面杖擀平后放入冰箱中醒2小时~8小时。

6. 将面团擀成厚 1.5mm 的片状，然后将其切成两半。

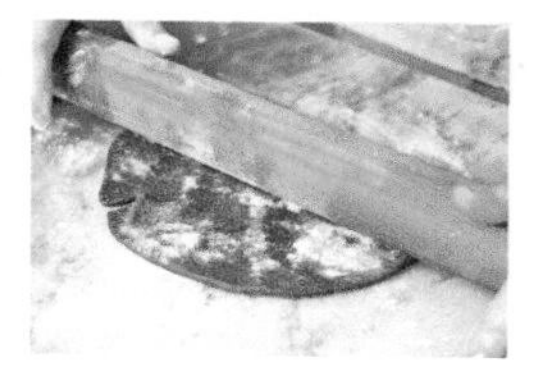

7. 将其中一半放在撒了干面粉的台面上，擀成厚1.5cm的片状。

8. 将小挞模具摆放到一起，拿起步骤 7 的面皮盖在上面。

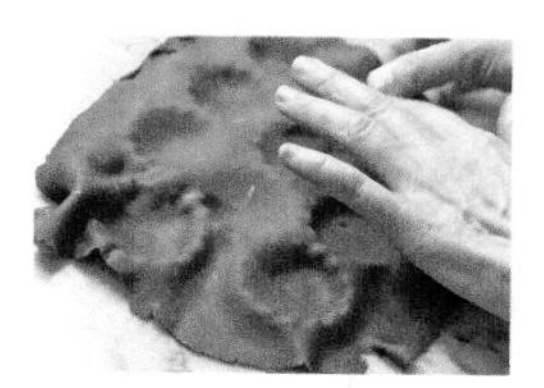

9. 用手指将面皮铺到模具中。

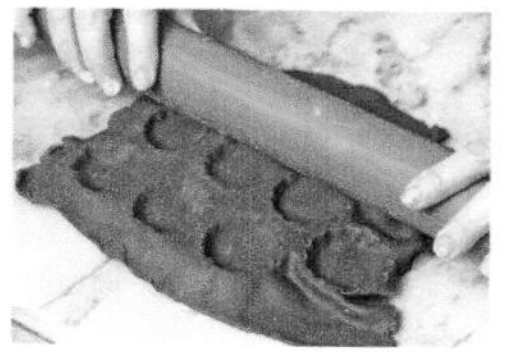

10. 用擀面杖在面皮上擀几下，然后将多余的面皮拿掉。

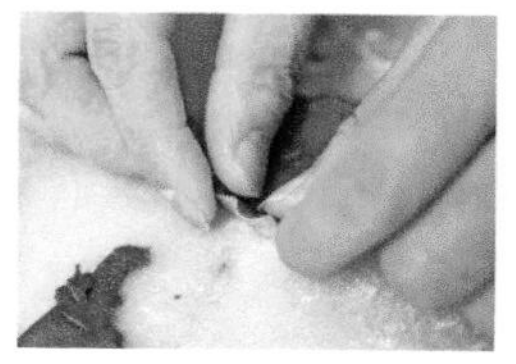

11. 用手指按压面皮，使其完全与模具贴合到一起。

12. 放在阴凉处醒 30 分钟。

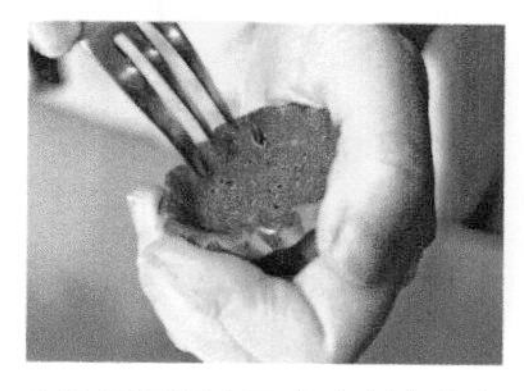

13. 用叉子在面皮上刺出数个气孔，然后放入预热到180℃的烤箱中烘烤13分钟左右。

14. 制作甘纳许：将鲜奶油倒入小锅中，开火煮沸。

15. 将巧克力放入碗中，然后倒入煮沸的鲜奶油。

16. 用鲜奶油的余热将巧克力化开，这个过程中要轻轻地搅拌。

17. 加入黄油，继续用余热将其化开。

18. 等所有材料都混合均匀后将其放到一旁冷却，冷却到容易挤出的状态，甘纳许就做好了。

19. 将甘纳许放入装有星形裱花头的裱花袋中。

20. 将甘纳许挤到挞皮上，注意要挤成螺旋状。最后在表面点缀上核桃、糖渍紫罗兰或金箔作装饰。

剩下的挞皮可以用保鲜膜包住，然后放入冰箱冷冻保存备用（步骤 6）。

杏仁味水果小挞

Mini Tarte aux Amandes et aux Fruits

杏仁味水果小挞是将杏仁奶油挤到挞皮上一起烘烤，再点缀上鲜果的小挞。这是一款很经典的挞。在杏仁奶油上涂一层果酱后再放上水果，水果就会被固定住，便于保持造型。

材料（3.5cm×3.5cm的小挞模具，15个份）

香酥挞皮（基础挞皮2/3的量）

低筋面粉	100 g
杏仁粉	10 g
糖粉	30 g
盐	1小撮
黄油	50 g
鸡蛋	约1/2个
干面粉	适量

杏仁奶油

黄油	20 g
白砂糖	20 g
杏仁粉	20 g
鸡蛋	20 g
朗姆酒	1/2小勺
果酱、水果	各适量

准备

- **使鸡蛋和黄油回温到室温。**
- **切开香草豆荚，拨出豆子。**
- **在模具上涂上一层黄油，然后撒上一层低筋面粉。**

烤箱温度 …… 180℃
烘烤时间 …… 13分钟~15分钟

1. 制作香酥挞皮（参照本书p.13），放入冰箱醒2小时~8小时。

2. 制作杏仁奶油：将黄油放入碗中，用木铲充分搅拌。

3. 加入1/3的白砂糖，充分搅拌。

4. 将剩余的白砂糖分3次加入，每次加入后都要充分搅拌。

5. 分批少量地加入杏仁粉，每次加入后都要充分搅拌。

6. 分批少量地加入鸡蛋，每次加入后都要充分搅拌。

7. 当鸡蛋与其他材料完全混合后加入朗姆酒，充分搅拌。

8. 将挞皮取出，在撒有一层干面粉的台面上擀开。

9. 将挞皮擀成厚1.5cm、长18cm、宽11cm的片状。

10. 将擀好的挞皮盖到3行5列摆放的模具上。

11. 用擀面杖在挞皮上擀几下，然后将多余的挞皮拿掉。

12. 用手指按压挞皮，使其完全与模具贴合到一起。

13. 全部处理好之后，将装有挞皮的模具放到烤盘中。

14. 将杏仁奶油放入装有直径1cm圆形裱花头的裱花袋中，将其挤到挞皮上，放入预热到180℃的烤箱中烘烤13分钟~15分钟。

15. 冷却后，在上面涂一层果酱（可以根据水果的种类随意改变果酱），最后将自己喜欢的水果点缀在上面。

PETIT-FOUR

Frais

水果小挞

Mini Tarte aux fruits

在制作挞皮的过程中放入糖粉，就能打造出酥脆的口感。将如此细腻的挞皮和卡仕达酱以及新鲜的水果组合到一起，一款经典的鲜果挞就完成了。本来制作卡仕达酱需要很多种工具，但这次我尝试着只用一个锅就将其制作出来。

材料（直径4.5cm的小挞模具，10个份）

香酥挞皮（基础挞皮2/3的量）

- 低筋面粉 ---- 100 g
- 杏仁粉 ---- 10 g
- 糖粉 ---- 30 g
- 盐 ---- 1小撮
- 黄油 ---- 50 g
- 鸡蛋 ---- 约1/2个

卡仕达酱

- 牛奶 ---- 125ml
- 香草豆 ---- 1/5根
- 鸡蛋 ---- 1个
- 白砂糖 ---- 30 g
- 玉米淀粉 ---- 15 g

任意水果 ---- 适量

糖粉、水饴、金箔、薄荷叶等 – 各适量

准备

- 使鸡蛋和黄油回温到室温。
- 切开香草豆的豆荚，将里面的豆子拔出来（图A）。
- 在模具上涂上一层黄油，然后撒上一层低筋面粉（图B）。

A

B

烤箱温度 …… 180℃
烘烤时间 …… 13分钟~15分钟

1. 制作香酥挞皮（参照本书p.13），放入冰箱醒2小时~8小时。

2. 取出挞皮，用沾了干面粉（分量外）的擀面杖将其擀成厚 1.5mm 的片状。

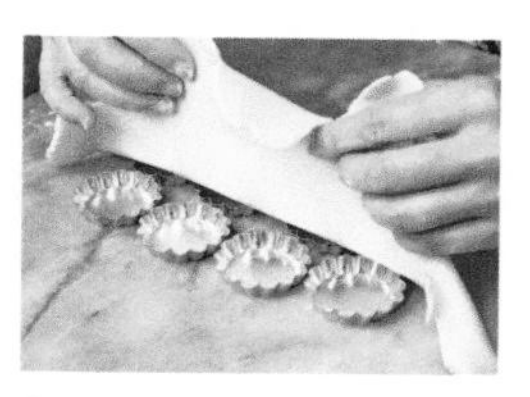
3. 将小挞模具摆放到一起，拿起擀好的挞皮盖在上面，用手指将挞皮铺到模具中。

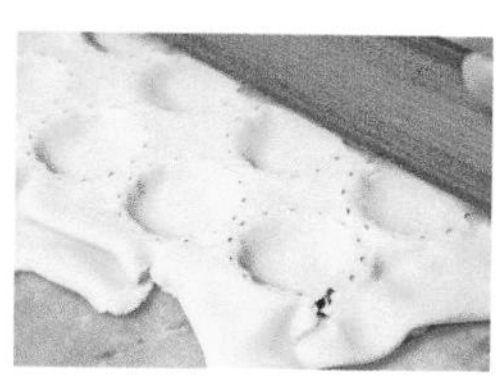
4. 用擀面杖在挞皮上轻轻擀几下，然后将多余的挞皮拿掉。

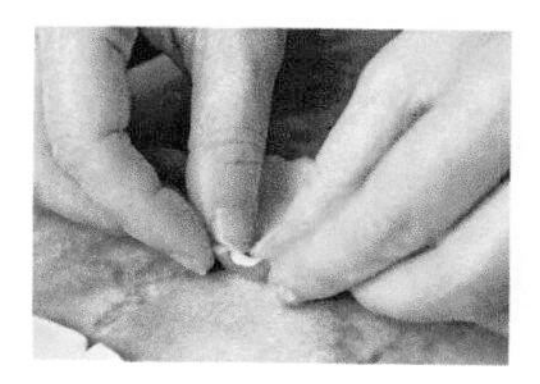
5. 用手指按压挞皮，使其完全与模具贴合到一起。

6. 用叉子在模具中的挞皮上刺出数个气孔。

7. 将装有挞皮的模具放到烤盘中，然后放入预热到180℃的烤箱中烘烤13分钟~15分钟。

8. 制作卡仕达酱：将牛奶倒入锅中，开小火加热，加入香草豆和鸡蛋后轻轻搅拌。

9. 加入白砂糖，继续搅拌，再加入玉米淀粉，充分搅拌。

10. 换成小火，用打蛋器充分搅拌。

11. 搅拌至看不见干粉且细腻黏稠的状态时将火关掉，马上将其倒入碗中，然后将碗底放入冰水里，使卡仕达酱迅速冷却。

12. 将卡仕达酱放入装有直径 8mm 圆形裱花头的裱花袋中，然后将其挤到已经冷却的挞皮上。

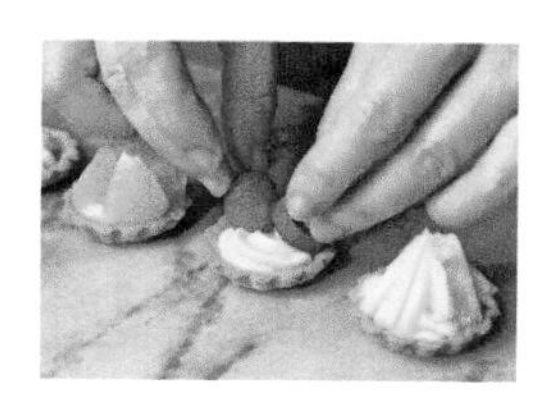
13. 将自己喜欢的水果切成合适的大小，放到卡仕达酱上，最后在上面点缀水饴和薄荷叶等作装饰。

香橙蛋糕

Cake à l' orange

用果子露为蛋糕增加香味和湿度，然后将制作果子露用的香橙摆放在蛋糕上作为装饰，打造出一款华丽而美味的香橙蛋糕。在用橙子煮果子露的过程中，水分可能会被煮干，这时可以选择加入少许水分稀释。

材料（直径4.5cm、深1cm的萨瓦兰模具，约20个份）

材料	用量
低筋面粉	30 g
泡打粉	1 g
盐	少许
白砂糖	25 g
蛋黄	1个份
色拉油	15ml
水	15ml
切碎的橙子皮	1/2个
蛋白	1个份

香橙果子露（最容易操作的分量）

材料	用量
水	40ml
白砂糖	40 g
橙子	1/2个
柑曼怡甜酒	1小勺
鲜奶油	60 g
薄荷叶	适量

烤箱温度	160℃
烘烤时间	15分钟

1. 将橙子洗净后切成薄片。

2. 将水和白砂糖放入小锅中，开火加热，待白砂糖全部溶解后，加入步骤1中切好的橙子。

3. 盖上纸盖，用小火煮20分钟~25分钟。

4. 煮好后稍微散热，将橙子取出留用，液体中再加入柑曼怡甜酒即成果子露。

5. 用面粉筛将低筋面粉、泡打粉和盐一起筛入碗中。

6. 加入白砂糖，搅拌均匀后在中间整理出一个小坑。

7. 将蛋黄、色拉油和水倒入碗中，用手一边将周围的粉类整理到中央，一边混合均匀。

8. 将橙子皮擦入碗中，充分搅拌。

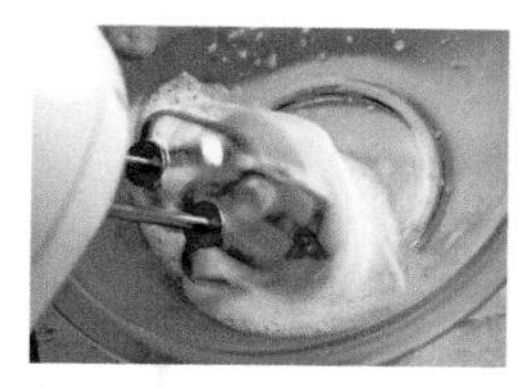

9. 将蛋白倒入另一个碗中，用手持式搅拌机充分打发。

10. 将步骤 9 的材料分 2 次加入步骤 8 的材料中。

11. 用橡胶铲轻轻搅拌，注意不要破坏蛋白的打发状态。

12. 将面糊放入装有直径 1cm 圆形裱花头的裱花袋中，然后挤到模具里。

13. 放入预热到 160℃的烤箱中烘烤 15 分钟左右。

14. 烤好后从模具中取出，反面朝上放到冷却架上冷却。

15. 将鲜奶油充分打发。

16. 用少许水将步骤 4 做好的果子露稀释，然后用刷子将其刷到烤好的蛋糕上。

17. 将步骤15的鲜奶油放入装有直径8mm星形裱花头的裱花袋中，然后挤到步骤16中处理好的蛋糕的凹陷处。

18. 将步骤4取出的橙子切成合适的大小，和薄荷叶一起装饰到上一步做好的蛋糕上。

柠檬小挞

Mini Tarte au Citron

这次做的是小挞，所以我尝试着使用了酸甜可口的柠檬奶油。酥脆的挞皮和入口即化的奶油简直是绝配。说起柠檬，就不能不提及法国南部著名的有机柠檬产地——芒顿。每年的2月份，芒顿都会举行盛大的柠檬节。

材料（直径4.5cm的小挞模具，10个份）

香酥挞皮

低筋面粉	100 g
杏仁粉	10 g
糖粉	30 g
盐	1小撮
黄油	50 g
鸡蛋	1/2个
干面粉	适量

柠檬奶油

鸡蛋	1个
柠檬汁	50ml
切碎的柠檬皮	1/2个
白砂糖	50 g
黄油	30 g
糖渍紫罗兰	适量

准备

- 使鸡蛋和黄油回温到室温。
- 在模具上涂1层黄油，然后撒1层低筋面粉。

烤箱温度	180℃
烘烤时间	13分钟~15分钟

1. 制作香酥挞皮（参照本书p.13），放入冰箱醒2~8小时。

2. 取出挞皮，用沾了干面粉的擀面杖将其擀成厚1.5mm的片状。

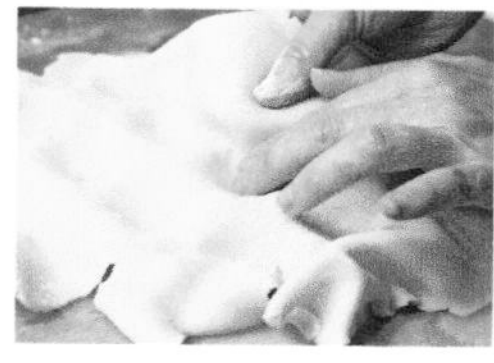

3. 将小挞模具摆放到一起，拿起擀好的挞皮盖在上面，用手指将挞皮铺到模具中。

4. 用擀面杖在挞皮上擀几下，然后将多余的挞皮拿掉。

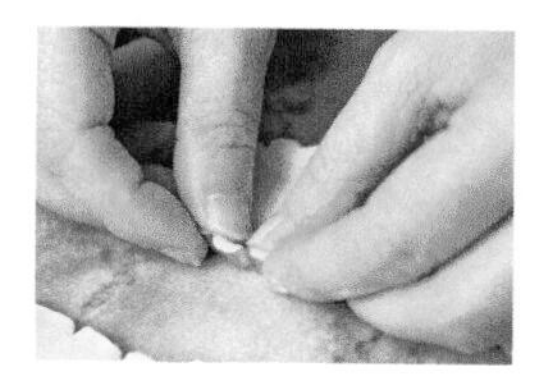

5. 用手指按压挞皮，使其完全与模具贴合到一起。

6. 用叉子在模具中的挞皮上刺出数个小孔。

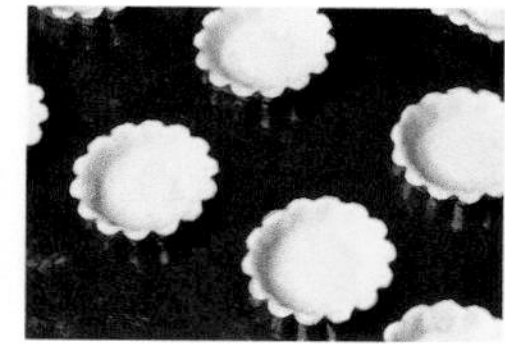

7. 放入预热到180℃的烤箱中烘烤13~15分钟。烤好后放到冷却架上冷却。

8. 将鸡蛋、柠檬汁、柠檬皮、白砂糖和黄油一起放入碗中。

9. 一边将碗放在热水中进行隔水加热，一边用打蛋器充分搅拌。

10. 即使中途出现材料分离的现象也不要停止搅拌。

11. 当搅拌成细腻黏稠的状态时，将碗从热水中拿出来，放到一旁冷却。

12. 完全冷却后，将其放入装有直径1cm圆形裱花头的裱花袋中，然后挤到挞皮上。最后可以按照自己的喜好点缀上糖渍紫罗兰。

日内瓦的石阶

Pavé de Genève

这款巧克力也被称为“生巧克力”，是一款大家都耳熟能详的甜点，最先制作出这款巧克力的是瑞士日内瓦一家名叫“Stettler”的巧克力店。

材料（20cm×14cm的托盘，1个份）

鲜奶油	156 g
蜂蜜	14 g
考维曲巧克力	228 g
黄油	36 g
可可粉	适量

准备

- **将考维曲巧克力切碎。**
- **将黄油切成与奶糖大小相似的块状，然后使其回温到室温。**

1. 将鲜奶油和蜂蜜放入锅中，开火加热，一直加热到马上就要沸腾的温度。

2. 将考维曲巧克力放入碗中，趁热转圈浇上步骤1的材料。

3. 用打蛋器慢慢搅拌至巧克力化开。

4. 搅拌成细腻而有光泽的状态即可。

5. 加入黄油，用打蛋器慢慢搅拌，一直搅拌到黄油完全化开为止。

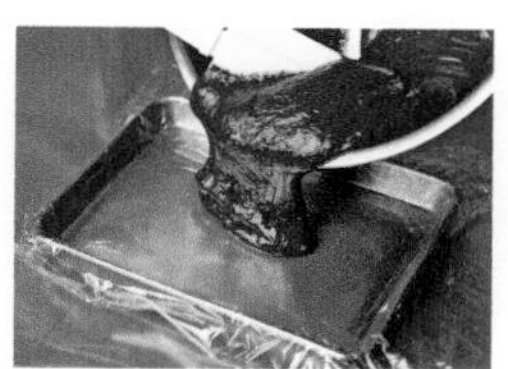

6. 在托盘上铺上一层保鲜膜，然后用橡胶铲将巧克力糊慢慢地倒在上面。

7. 将表面抹平。

8. 在上面盖一层保鲜膜，放入冰箱冷却至变硬。

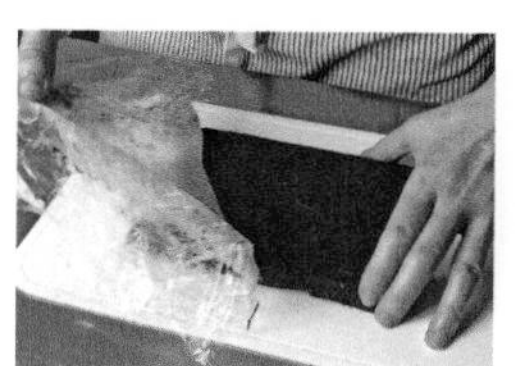

9. 取出后将巧克力翻过来，剥下保鲜膜。

10. 刀子用热水泡一下使其变得温热。

11. 将巧克力切成一口大小，然后撒上一层可可粉。

奶油甜馅煎饼卷

Cannoli

这款奶油甜馅煎饼卷现在已经成为了意大利的经典甜点，但其实它原本是西西里岛上举办谢肉祭时的点心。据说在很久以前，人们制作煎饼卷时是将混入了可可的小麦粉面糊卷到夏天晒干的甘蔗杆上，然后下锅炸。而中间夹着的馅料，则使用了羊奶制成的里科塔奶酪。

材料（约8根，每根长10cm）

材料	用量
低筋面粉	50 g
可可粉	1 g
砂糖	6 g
黄油	5 g
西洋醋	1.5g
肉桂	0.6 g
白葡萄酒	适量
蛋液	适量
植物油	适量
奶酪酱	
农夫奶酪	125 g
白砂糖	19 g
黑巧克力	25 g
干橙皮	适量
干面粉	适量

准备

- 将低筋面粉和可可粉混合到一起后过筛。
- 将黄油搅拌成发胶状。
- 将3根筷子切成10cm长，外面包上一层铝箔，来充当制作煎饼卷时的内芯（图A）。
- 将制作奶酪酱的巧克力切碎。

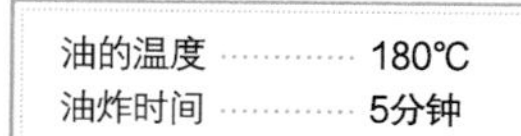
油的温度 180℃
油炸时间 5分钟

1．将低筋面粉、可可粉和肉桂放入碗中。

2．加入白砂糖、变软的黄油和西洋醋，用手混合。

3．边加白葡萄酒边用手搅拌，一直搅拌到面糊的硬度与耳垂相类似为止。

4．搅拌至没有结块的均匀状态时，将其聚集成一团。

5. 用保鲜膜包住面团，在常温下醒 20 分钟。

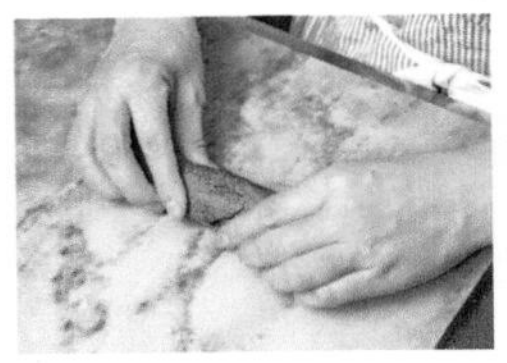

6. 将面团放到撒有一层干面粉的台面上稍微揉几下，然后捏成直径约为 3cm 的棒状。

7. 将棒状面团切成 8 等份。

8. 将面团放到干面粉上滚一圈，待表面全部沾满干面粉后，放置 2 分钟左右。

9. 用擀面杖将面团擀成直径 10cm 的圆形。

10. 将其余的 7 个面团也擀成同样大小的圆形。

11. 将圆形面皮卷到准备好的芯棒上。

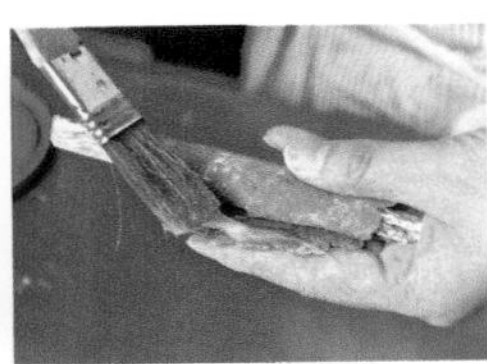

12. 卷到最后时涂上一些蛋液，将其封口，成煎饼卷生坯。

13. 将植物油加热到 180℃，放入煎饼卷生坯开始炸。

14. 中途将芯棒取出。

15. 炸至金黄酥脆时捞出。

16. 在冷却架上铺一层烤箱专用垫纸，将炸好的煎饼卷放到上面，控除多余的油分。

17. 制作奶酪酱：将农夫奶酪放入碗中，用打蛋器充分搅拌。

18. 搅拌成较软的状态后加入白砂糖，继续搅拌。

19. 加入切碎的黑巧克力，换成木铲充分搅拌。

20. 搅拌均匀即成奶酪酱。

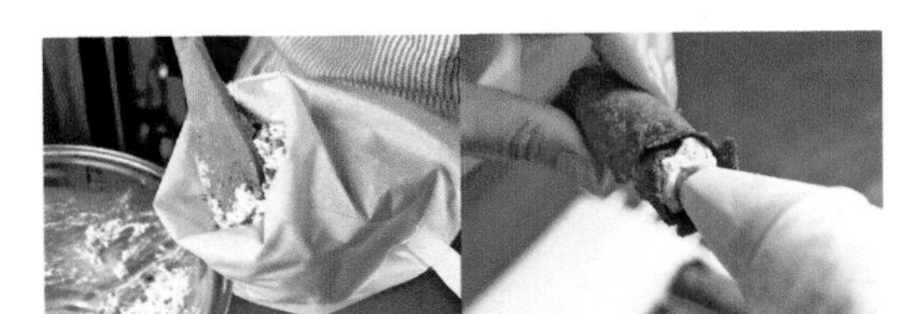

21. 将奶酪酱放入装有直径 1cm 圆形裱花头的裱花袋中，然后将其从两侧挤入控好油的煎饼卷里。最后可以放上一些干橙皮作装饰。

PETIT-FOUR
Frais

迷你泡芙

Petits Choux

泡芙面糊中含有大量的水分，这些水分蒸发的过程中，会使泡芙皮的中间产生一个空洞。下面将介绍的两款泡芙中都夹着奶油，是标准的甜点。不过，如果将馅料换成泡菜或金枪鱼，就可以当作喝酒时的佐餐小菜了。

材料（20个~22个，每个直径3.5cm~4cm）

泡芙皮

水	60ml
牛奶	60ml
黄油	50g
盐	1g
白砂糖	5g
高筋面粉	65g
鸡蛋	2个
杏仁碎	适量

准备

- 将黄油切成与奶糖大小相似的块状，放入冰箱中冷藏。
- 使鸡蛋回温到室温。

烤箱温度 …… 200℃
烘烤时间 …… 25分钟~30分钟

1. 将水、牛奶和切成小块的黄油放入锅中，再加入盐和白砂糖，开火加热，使锅中的液体沸腾。

2. 用木铲慢慢搅拌，使黄油完全化成液体。

3. 将锅从火上端下来，一次性加入所有的高筋面粉。

4. 用木铲充分搅拌。

5. 再次开火加热，用木铲搅拌使水分充分蒸发。

6. 当面糊聚成一团且能够从锅底分离时，就证明水分完全蒸发掉了。

7. 将锅从火上拿下来，稍微散热后，分批少量地加入打散的蛋液。

8. 每次加入蛋液后都要充分搅拌，一直搅拌到鸡蛋与其他材料完全混合的状态为止。

9. 搅拌至看不见干面粉、面糊细腻松软、拿起木铲后面糊缓缓滴落的状态即可。

10. 将面糊放入装有直径1cm 圆形裱花头的裱花袋中。

11. 在烤箱专用垫纸上挤出直径为3cm 的圆形面糊。

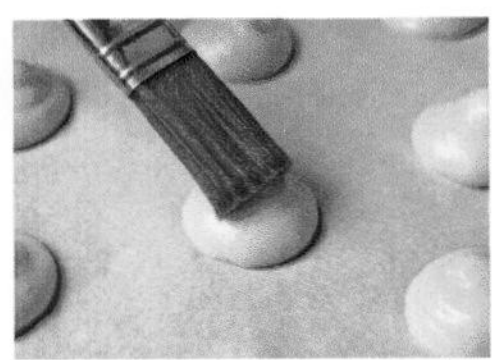

12. 用刷子在表面刷一层蛋液。

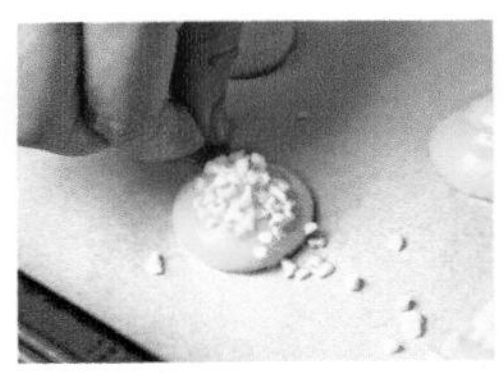

13. 在其中一半的圆形面糊上撒上杏仁碎。

14. 放入预热到200℃的烤箱中烘烤25分钟~30分钟。

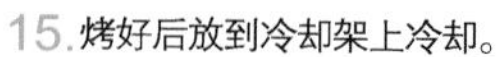

15. 烤好后放到冷却架上冷却。

16. 用刀将上面 1/3 的部分切下来，当作泡芙的盖子。

17. 分组整齐摆放好备用。

水果泡芙

材料

奶油
- 鲜奶油 …… 100ml
- 白砂糖 …… 8g

任意水果 …… 适量
糖粉 …… 适量

制作方法

将白砂糖加入鲜奶油中，充分打发后放入装有直径8mm星形裱花头的裱花袋中，然后用裱花袋将奶油挤到泡芙皮上（图A），再放上自己喜欢的水果（图B），盖上泡芙盖，最后撒上1层糖粉作装饰。

A

B

杏仁奶油泡芙

材料

杏仁碎 …… 适量
杏仁奶油
- 杏仁酱 …… 12g
- 白砂糖 …… 8g
- 鲜奶油 …… 80g

糖粉 …… 适量

※杏仁酱是将烘烤过的杏仁和加热过的白砂糖制成的杏仁糖碾碎之后做的成坚果酱。市面上可以买到现成的。

制作方法

将杏仁酱、白砂糖和鲜奶油混合到一起后打发，制作成杏仁奶油，放入装有星形裱花头的裱花袋中，挤到泡芙皮中间，盖上泡芙盖，最后撒上1层糖粉作装饰。

P 泡芙皮会因为水分的蒸发而在中间产生一个空洞，挤奶油时要填满这个空洞（步骤 16）。

图书在版编目（CIP）数据

家庭烘焙小零食：饼干、小蛋糕、水果挞、派 /（日）大森由纪子著；王宇佳译. -- 青岛：青岛出版社，2016.12

ISBN 978-7-5552-4851-4

Ⅰ. ①家… Ⅱ. ①大… ②王… Ⅲ. ①烘焙－糕点加工 Ⅳ. ① TS213.2

中国版本图书馆 CIP 数据核字 (2016) 第 265094 号

TITLE：[Chiisana Okashi Petit Four]

BY：Yukiko Omori

书　　名　家庭烘焙小零食：饼干、小蛋糕、水果挞、派

著　　者　［日］大森由纪子

译　　者　王宇佳

出版发行　青岛出版社

社　　址　青岛市海尔路182号（266061）

本社网址　http://www.qdpub.com

邮购电话　010-64906396　13335059110　0532-68068026

策划制作　北京书锦缘咨询有限公司（www.booklink.com.cn）

总 策 划　陈　庆

策划编辑　李　伟

责任编辑　徐　巍　杨子涵

封面设计　柯秀翠

设计制作　柯秀翠

制　　版　北京美图印务有限公司

印　　刷　北京美图印务有限公司

出版日期　2017年3月第1版　2020年4月第7次印刷

开　　本　16开（787毫米×1092毫米）

印　　张　9

字　　数　92千

图　　数　150幅

印　　数　14001-17000

书　　号　ISBN 978-7-5552-4851-4

定　　价　39.80元

编校质量、盗版监督服务电话　4006532017

建议陈列类别：生活类 美食类